Times Tables Mastery

Christine R. Draper

© achieve2day, Slough, 2014

ISBN: 978-1-909986-03-9

About the Times Tables

Multiplication is the adding of groups. So 3 x 6 means three groups of six. Therefore, multiplication is the same as repeated addition. So 3 x 6 is the same as adding three six times.

So, if I had three baskets of six apples; to find the total I could add three apples six times, or I could multiply three by six. So multiplication is simply a way of adding a number multiple times.

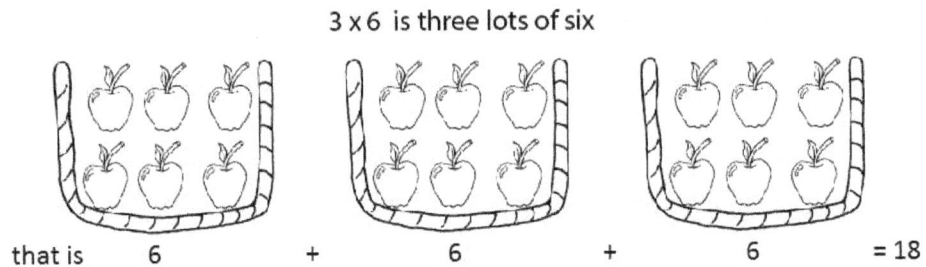

3 x 6 is three lots of six

that is   6   +   6   +   6   = 18

In multiplication it doesn't matter what order the numbers are in, the answer will be the same. So 3 x 6 is the same as 6 x 3. This is useful as it means that we only need to learn 66 times table statements.

So, if I have three baskets of six apples or six baskets of three apples I will have the same number of apples.

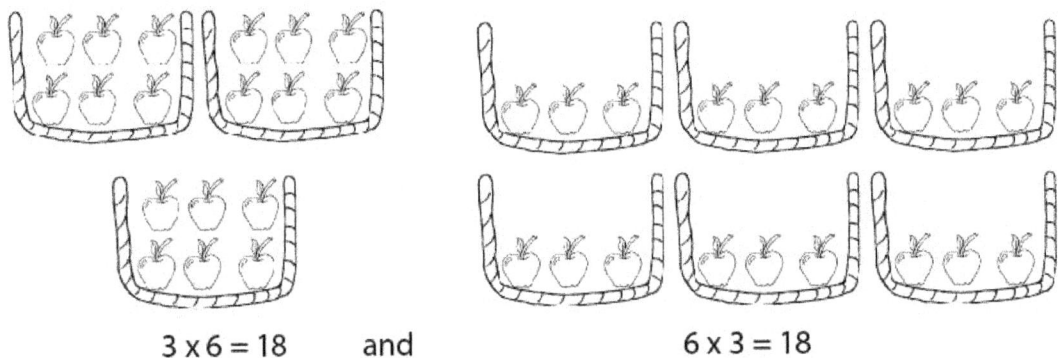

3 x 6 = 18   and   6 x 3 = 18

Division is like sharing. It looks at how many groups can be made. Therefore 18 ÷ 6 means how many groups of six in 18. While multiplication is repeated addition, division is repeated subtraction.

So, if I have eighteen apples and I need to put them in groups of six, this is the same as 18 ÷ 6.

However, unlike multiplication it does matter what order the numbers are in.

Learning the times tables

There are a number of ways of learning the times tables and everyone is different. So you need to use the methods that work best for you. However, after learning them you must be able to answer any times tables question quickly. Therefore these two principles guide how this book is written:

1.   You need to be able to answer the times tables randomly.
2.   Practice helps everyone.

Here is a list of tips and techniques that may help you to learn the times tables quicker:

- Chant the times tables, clap and say them to a beat. You could even bounce a ball.
- Make cards with the times table questions and the answers. Then play "snap" with them, or a memory game.
- Make up your own songs, stories or nonsense poems (see below).
- Use computer games, quizzes or apps.
- Sing times table songs.

There are some books that contain stories or rhymes for every times table. However, this can lead to confusion as children try and remember 144 rhymes and stories. However, when doing the write - cover - check exercises, it can be useful to make up silly rhymes for any that you have trouble remembering. For example:

> *Number six fell on the floor*
> *Six times four is twenty-four.*

If you want some computer games and quizzes to supplement the material in this book, please go to: www.timestables.info.

A Sixteen week course

This book can be completed as a sixteen week course.

The weeks that you are learning a times table follow this pattern:

Day 1: Write cover check page

Days 2 - 5: Complete one practice exercise.

The weeks that you are revising two or more of the times tables follow this pattern:

Days 1-4: Complete one exercise

Day 5: Complete exercise of word problems.

The schedule for the 16 week course, with page numbers, is:

Week 1:   One and two times tables (do both write-cover-check exercises on day one.)..................5-8

Week 2:   Five times tables...9, 10

Week 3:   Ten times tables...11, 12

Week 4:   Review of two, five and ten times tables 13-15

Week 5:   Three times tables..17, 18

Week 6:   Four times tables...19, 20

Week 7:   Six times tables...21, 22

Week 8:   Review of three, four and six times tables 23, 24

Week 9:   Seven times tables...26, 27

Week 10: Eight times tables...28, 29

Week 11: Nine times tables..30, 31

Week 12: Review of seven, eight and nine times tables 33, 33

Week 13: Eleven times tables...35, 36

Week 14: Twelve times tables..37, 38

Week 15: Review of eleven and twelve times tables 39, 40

Week 16: Mixed practice of all time tables. ....42 - 44

Further practice ....45 - 47

Zero and One Times Tables

If you have no lots of anything then you have nothing. So zero times anything is zero. For example, if there are seven people on a netball team and you have no teams, then you have no players; so 7 x 0 = 0. Or, if oranges cost 20p each and you buy none, then it will cost you nothing; so 20 x 0 = 0.

In the times tables, the number one acts as a mirror, and the other number stays the same. This makes number one so easy, that we are not even going to have a practice exercise on number one, just write, cover, check.

1 x 4 = 4

One Times Tables – Write, Cover, Check

The first column contains the one times table. Write each in the second column. Then, cover the first two columns and see if you can write it in the third column. Then see if you can work out the corresponding division questions.

1 x 1 = 1	_1 x 1 = 1_	_1 x 1 = 1_	1 ÷ 1 = _1_
2 x 1 = 2	_____	_____	2 ÷ 1 = ____
3 x 1 = 2	_____	_____	3 ÷ 1 = ____
4 x 1 = 4	_____	_____	4 ÷ 1 = ____
5 x 1 = 5	_____	_____	5 ÷ 1 = ____
6 x 1 = 6	_____	_____	6 ÷ 1 = ____
7 x 1 = 7	_____	_____	7 ÷ 1 = ____
8 x 1 = 8	_____	_____	8 ÷ 1 = ____
9 x 1 = 9	_____	_____	9 ÷ 1 = ____
10 x 1 = 10	_____	_____	10 ÷ 1 = ____
11 x 1 = 11	_____	_____	11 ÷ 1 = ____
12 x 1 = 12	_____	_____	12 ÷ 1 = ____

Score = —/12   Score = —/12

Two Times Tables – Write, Cover, Check

The first column contains the two times table. Write this out in the second column. Then, cover the first two columns and see if you can write it without looking in the third column. Then see if you can work out the corresponding division questions. When you have finished you have lots of mixed practice on the next page. Multiplying something by two is often referred to as doubling.

$1 \times 2 = 2$	_____	_____	$2 \div 2 =$ _____
$2 \times 2 = 4$	_____	_____	$4 \div 2 =$ _____
$3 \times 2 = 6$	_____	_____	$6 \div 2 =$ _____
$4 \times 2 = 8$	_____	_____	$8 \div 2 =$ _____
$5 \times 2 = 10$	_____	_____	$10 \div 2 =$ _____
$6 \times 2 = 12$	_____	_____	$12 \div 2 =$ _____
$7 \times 2 = 14$	_____	_____	$14 \div 2 =$ _____
$8 \times 2 = 16$	_____	_____	$16 \div 2 =$ _____
$9 \times 2 = 18$	_____	_____	$18 \div 2 =$ _____
$10 \times 2 = 20$	_____	_____	$20 \div 2 =$ _____
$11 \times 2 = 22$	_____	_____	$22 \div 2 =$ _____
$12 \times 2 = 24$	_____	_____	$24 \div 2 =$ _____

Score $= \dfrac{}{12}$ Score $= \dfrac{}{12}$

Two Times Tables – Practice

Exercise 1	Exercise 2	Exercise 3	Exercise 4
$6 \times 2 =$ _____	$2 \times 8 =$ _____	$7 \times 2 =$ _____	$20 \div 2 =$ _____
$2 \times 9 =$ _____	$2 \times 7 =$ _____	$2 \times 3 =$ _____	$14 \div 2 =$ _____
$2 \times 7 =$ _____	$2 \times 3 =$ _____	$2 \times 8 =$ _____	$4 \div 2 =$ _____
$2 \times 2 =$ _____	$12 \times 2 =$ _____	$2 \times 2 =$ _____	$18 \div 2 =$ _____
$2 \times 4 =$ _____	$9 \times 2 =$ _____	$8 \times 2 =$ _____	$12 \div 2 =$ _____
$9 \times 2 =$ _____	$7 \times 2 =$ _____	$2 \times 5 =$ _____	$2 \div 2 =$ _____
$3 \times 2 =$ _____	$3 \times 2 =$ _____	$10 \times 2 =$ _____	$8 \div 2 =$ _____
$0 \times 2 =$ _____	$2 \times 4 =$ _____	$11 \times 2 =$ _____	$22 \div 2 =$ _____
$2 \times 2 =$ _____	$2 \times 9 =$ _____	$9 \times 2 =$ _____	$10 \div 2 =$ _____
$2 \times 11 =$ _____	$2 \times 5 =$ _____	$6 \times 2 =$ _____	$20 \div 2 =$ _____
$2 \times 3 =$ _____	$6 \times 2 =$ _____	$5 \times 2 =$ _____	$8 \div 2 =$ _____
$2 \times 8 =$ _____	$2 \times 11 =$ _____	$2 \times 4 =$ _____	$6 \div 2 =$ _____
$2 \times 1 =$ _____	$2 \times 10 =$ _____	$2 \times 2 =$ _____	$2 \div 1 =$ _____
$2 \times 6 =$ _____	$2 \times 12 =$ _____	$2 \times 7 =$ _____	$16 \div 2 =$ _____
$2 \times 10 =$ _____	$2 \times 1 =$ _____	$2 \times 10 =$ _____	$22 \div 2 =$ _____
$1 \times 2 =$ _____	$0 \times 2 =$ _____	$12 \times 2 =$ _____	$24 \div 2 =$ _____
$7 \times 2 =$ _____	$4 \times 2 =$ _____	$2 \times 9 =$ _____	$16 \div 2 =$ _____
$11 \times 2 =$ _____	$2 \times 2 =$ _____	$4 \times 2 =$ _____	$4 \div 2 =$ _____
$5 \times 2 =$ _____	$5 \times 2 =$ _____	$3 \times 2 =$ _____	$12 \div 2 =$ _____
$10 \times 2 =$ _____	$8 \times 2 =$ _____	$2 \times 11 =$ _____	$10 \div 2 =$ _____
$2 \times 12 =$ _____	$2 \times 2 =$ _____	$2 \times 12 =$ _____	$2 \div 2 =$ _____
$8 \times 2 =$ _____	$11 \times 2 =$ _____	$1 \times 2 =$ _____	$14 \div 2 =$ _____
$2 \times 5 =$ _____	$1 \times 2 =$ _____	$2 \times 6 =$ _____	$18 \div 2 =$ _____
$12 \times 2 =$ _____	$2 \times 6 =$ _____	$2 \times 1 =$ _____	$24 \div 2 =$ _____
$4 \times 2 =$ _____	$10 \times 2 =$ _____	$0 \times 2 =$ _____	$6 \div 2 =$ _____

Score $= \dfrac{}{25}$ Score $= \dfrac{}{25}$ Score $= \dfrac{}{25}$ Score $= \dfrac{}{25}$

Five Times Tables – Write, Cover, Check

The five times tables always end with a zero or a five. To work out the even number, halve the number and add a zero. For example, if I want to work out 8 x 5 = ? Eight is even, so we can divide eight by two giving four and then add a zero. Therefore 8 x 5 = 40. If I want to work out 9 x 5, I can work out 8 x 5 and then add a five. Therefore 9 x 5 = 45.

1 x 5 = 5	_____	_____	5 ÷ 5 = _____
2 x 5 = 10	_____	_____	10 ÷ 5 = _____
3 x 5 = 15	_____	_____	15 ÷ 5 = _____
4 x 5 = 20	_____	_____	20 ÷ 5 = _____
5 x 5 = 25	_____	_____	25 ÷ 5 = _____
6 x 5 = 30	_____	_____	30 ÷ 5 = _____
7 x 5 = 35	_____	_____	35 ÷ 5 = _____
8 x 5 = 40	_____	_____	40 ÷ 5 = _____
9 x 5 = 45	_____	_____	45 ÷ 5 = _____
10 x 5 = 50	_____	_____	50 ÷ 5 = _____
11 x 5 = 55	_____	_____	55 ÷ 5 = _____
12 x 5 = 60	_____	_____	60 ÷ 5 = _____

Score $= \frac{}{12}$ Score $= \frac{}{12}$

Five Times Tables – Practice

Exercise 5	Exercise 6	Exercise 7	Exercise 8
5 x 5 = _____	5 x 3 = _____	5 x 5 = _____	5 ÷ 1 = _____
8 x 5 = _____	5 x 11 = _____	1 x 5 = _____	35 ÷ 5 = _____
1 x 5 = _____	5 x 5 = _____	6 x 5 = _____	60 ÷ 5 = _____
5 x 3 = _____	3 x 5 = _____	5 x 8 = _____	55 ÷ 5 = _____
5 x 6 = _____	4 x 5 = _____	9 x 5 = _____	50 ÷ 5 = _____
5 x 2 = _____	5 x 6 = _____	5 x 6 = _____	30 ÷ 5 = _____
6 x 5 = _____	7 x 5 = _____	11 x 5 = _____	10 ÷ 5 = _____
12 x 5 = _____	0 x 5 = _____	5 x 4 = _____	40 ÷ 5 = _____
5 x1 = _____	5 x 5 = _____	5 x 11 = _____	45 ÷ 5 = _____
3 x 5 = _____	6 x 5 = _____	2 x 5 = _____	30 ÷ 5 = _____
5 x 5 = _____	5 x 7 = _____	5 x 12 = _____	35 ÷ 5 = _____
10 x 5 = _____	5 x 4 = _____	5 x 7 = _____	25 ÷ 5 = _____
4 x 5 = _____	1 x 5 = _____	4 x 5 = _____	40 ÷ 5 = _____
5 x 8 = _____	12 x 5 = _____	10 x 5 = _____	50 ÷ 5 = _____
11 x 5 = _____	2 x 5 = _____	8 x 5 = _____	10 ÷ 5 = _____
5 x 4 = _____	5 x1 = _____	7 x 5 = _____	5 ÷ 5 = _____
5 x 7 = _____	9 x 5 = _____	5 x 3 = _____	15 ÷ 5 = _____
2 x 5 = _____	5 x 9 = _____	5 x 10 = _____	45 ÷ 5 = _____
5 x 11 = _____	5 x 8 = _____	12 x 5 = _____	20 ÷ 5 = _____
5 x 10 = _____	5 x 12 = _____	5 x 2 = _____	55 ÷ 5 = _____
0 x 5 = _____	10 x 5 = _____	5 x1 = _____	5 ÷ 5 = _____
9 x 5 = _____	8 x 5 = _____	5 x 5 = _____	60 ÷ 5 = _____
7 x 5 = _____	11 x 5 = _____	0 x 5 = _____	15 ÷ 5 = _____
5 x 9 = _____	5 x 2 = _____	3 x 5 = _____	20 ÷ 5 = _____
5 x 12 = _____	5 x 10 = _____	5 x 9 = _____	25 ÷ 5 = _____
Score = $\frac{}{25}$	Score = $\frac{}{25}$	Score = $\frac{}{25}$	Score = $\frac{}{25}$

Ten Times Tables – Write, Cover, Check

To multiply a number by ten, simply write the number and add a zero. For example, if I want to work out 4 x 10 = ? I write down the number four, then add a zero, giving the answer 40.

1 x 10 = 10	_____	_____	10 ÷ 10 = _____
2 x 10 = 20	_____	_____	20 ÷ 10 = _____
3 x 10 = 30	_____	_____	30 ÷ 10 = _____
4 x 10 = 40	_____	_____	40 ÷ 10 = _____
5 x 10 = 50	_____	_____	50 ÷ 10 = _____
6 x 10 = 60	_____	_____	60 ÷ 10 = _____
7 x 10 = 70	_____	_____	70 ÷ 10 = _____
8 x 10 = 80	_____	_____	80 ÷ 10 = _____
9 x 10 = 90	_____	_____	90 ÷ 10 = _____
10 x 10 = 100	_____	_____	100 ÷ 10 = _____
11 x 10 = 110	_____	_____	110 ÷ 10 = _____
12 x 10 = 120	_____	_____	120 ÷ 10 = _____

Score = $\frac{}{12}$ Score = $\frac{}{12}$

Ten Times Tables – Practice

Exercise 9

10 x 12 = _____
10 x 7 = _____
8 x 10 = _____
10 x 5 = _____
10 x 2 = _____
10 x 10 = _____
6 x 10 = _____
3 x 10 = _____
7 x 10 = _____
4 x 10 = _____
9 x 10 = _____
1 x 10 = _____
5 x 10 = _____
12 x 10 = _____
10 x 10 = _____
10 x 4 = _____
10 x 11 = _____
10 x 6 = _____
0 x 10 = _____
10 x 9 = _____
10 x1 = _____
2 x 10 = _____
10 x 8 = _____
11 x 10 = _____
10 x 3 = _____

Score = $\frac{}{25}$

Exercise 10

1 x 10 = _____
3 x 10 = _____
10 x 5 = _____
12 x 10 = _____
10 x 3 = _____
9 x 10 = _____
4 x 10 = _____
5 x 10 = _____
11 x 10 = _____
10 x 6 = _____
10 x 2 = _____
10 x 7 = _____
10 x 4 = _____
7 x 10 = _____
10 x 10 = _____
0 x 10 = _____
10 x1 = _____
10 x 10 = _____
2 x 10 = _____
10 x 8 = _____
10 x 12 = _____
8 x 10 = _____
6 x 10 = _____
10 x 9 = _____
10 x 11 = _____

Score = $\frac{}{25}$

Exercise 11

2 x 10 = _____
10 x1 = _____
10 x 7 = _____
10 x 8 = _____
7 x 10 = _____
10 x 12 = _____
10 x 10 = _____
6 x 10 = _____
10 x 9 = _____
11 x 10 = _____
5 x 10 = _____
10 x 5 = _____
10 x 6 = _____
10 x 11 = _____
10 x 10 = _____
10 x 2 = _____
10 x 4 = _____
3 x 10 = _____
9 x 10 = _____
12 x 10 = _____
4 x 10 = _____
8 x 10 = _____
10 x 3 = _____
1 x 10 = _____
0 x 10 = _____

Score = $\frac{}{25}$

Exercise 12

80 ÷ 10 = _____
50 ÷ 10 = _____
120 ÷ 10 = _____
100 ÷ 10 = _____
120 ÷ 10 = _____
10 ÷ 10 = _____
90 ÷ 10 = _____
20 ÷ 10 = _____
10 ÷ 1 = _____
30 ÷ 10 = _____
60 ÷ 10 = _____
50 ÷ 10 = _____
40 ÷ 10 = _____
80 ÷ 10 = _____
40 ÷ 10 = _____
60 ÷ 10 = _____
70 ÷ 10 = _____
20 ÷ 10 = _____
90 ÷ 10 = _____
30 ÷ 10 = _____
80 ÷ 10 = _____
50 ÷ 10 = _____
120 ÷ 10 = _____
100 ÷ 10 = _____
120 ÷ 10 = _____

Score = $\frac{}{25}$

2, 5 and 10 Times Tables – Practice

Exercise 13	Exercise 14	Exercise 15	Exercise 16
2 x 10 = _____	11 x 10 = _____	1 x 2 = _____	5 x 2 = _____
7 x 5 = _____	1 x 2 = _____	3 x 10 = _____	7 x 2 = _____
8 x 2 = _____	4 x 2 = _____	6 x 2 = _____	6 x 5 = _____
11 x 2 = _____	3 x 5 = _____	3 x 5 = _____	4 x 10 = _____
5 x 10 = _____	6 x 2 = _____	2 x 5 = _____	10 x 10 = _____
1 x 10 = _____	5 x 2 = _____	11 x 2 = _____	2 x 5 = _____
8 x 10 = _____	4 x 5 = _____	11 x 10 = _____	12 x 2 = _____
10 x 2 = _____	9 x 10 = _____	4 x 5 = _____	7 x 10 = _____
10 x 5 = _____	3 x 10 = _____	12 x 5 = _____	6 x 2 = _____
9 x 2 = _____	12 x 5 = _____	1 x 10 = _____	3 x 10 = _____
4 x 10 = _____	1 x 5 = _____	5 x 5 = _____	4 x 5 = _____
2 x 2 = _____	12 x 10 = _____	5 x 2 = _____	10 x 2 = _____
8 x 5 = _____	6 x 5 = _____	12 x 2 = _____	12 x 5 = _____
12 x 10 = _____	9 x 2 = _____	11 x 5 = _____	4 x 2 = _____
11 x 5 = _____	5 x 10 = _____	6 x 10 = _____	1 x 10 = _____
7 x 2 = _____	8 x 5 = _____	9 x 10 = _____	1 x 2 = _____
10 x 10 = _____	2 x 10 = _____	2 x 2 = _____	10 x 5 = _____
3 x 2 = _____	7 x 10 = _____	1 x 5 = _____	12 x 10 = _____
6 x 10 = _____	10 x 2 = _____	4 x 2 = _____	5 x 5 = _____
7 x 10 = _____	9 x 5 = _____	8 x 2 = _____	3 x 2 = _____
9 x 5 = _____	10 x 5 = _____	7 x 5 = _____	8 x 5 = _____
6 x 5 = _____	7 x 2 = _____	3 x 2 = _____	2 x 10 = _____
5 x 5 = _____	4 x 10 = _____	10 x 5 = _____	5 x 10 = _____
12 x 2 = _____	8 x 10 = _____	7 x 2 = _____	1 x 5 = _____
2 x 5 = _____	10 x 10 = _____	9 x 2 = _____	3 x 5 = _____
Score = $\frac{}{25}$	Score = $\frac{}{25}$	Score = $\frac{}{25}$	Score = $\frac{}{25}$

2, 5 and 10 Times Tables – Division Practice

Exercise 17	Exercise 18	Exercise 19	Exercise 20
$70 \div 10 = $ _____	$60 \div 10 = $ _____	$10 \div 5 = $ _____	$14 \div 2 = $ _____
$8 \div 2 = $ _____	$45 \div 5 = $ _____	$25 \div 5 = $ _____	$55 \div 5 = $ _____
$50 \div 10 = $ _____	$30 \div 10 = $ _____	$110 \div 10 = $ _____	$12 \div 2 = $ _____
$45 \div 5 = $ _____	$80 \div 10 = $ _____	$60 \div 5 = $ _____	$80 \div 10 = $ _____
$30 \div 5 = $ _____	$20 \div 2 = $ _____	$50 \div 10 = $ _____	$100 \div 10 = $ _____
$15 \div 5 = $ _____	$50 \div 5 = $ _____	$30 \div 5 = $ _____	$60 \div 10 = $ _____
$24 \div 2 = $ _____	$10 \div 10 = $ _____	$70 \div 10 = $ _____	$20 \div 5 = $ _____
$20 \div 10 = $ _____	$5 \div 5 = $ _____	$18 \div 2 = $ _____	$40 \div 10 = $ _____
$40 \div 5 = $ _____	$90 \div 10 = $ _____	$16 \div 2 = $ _____	$6 \div 2 = $ _____
$35 \div 5 = $ _____	$12 \div 2 = $ _____	$10 \div 2 = $ _____	$4 \div 2 = $ _____
$16 \div 2 = $ _____	$20 \div 5 = $ _____	$8 \div 2 = $ _____	$2 \div 2 = $ _____
$10 \div 2 = $ _____	$15 \div 5 = $ _____	$120 \div 10 = $ _____	$22 \div 2 = $ _____
$60 \div 5 = $ _____	$6 \div 2 = $ _____	$40 \div 5 = $ _____	$20 \div 2 = $ _____
$20 \div 2 = $ _____	$40 \div 5 = $ _____	$20 \div 2 = $ _____	$10 \div 5 = $ _____
$22 \div 2 = $ _____	$14 \div 2 = $ _____	$35 \div 5 = $ _____	$60 \div 5 = $ _____
$50 \div 5 = $ _____	$2 \div 2 = $ _____	$30 \div 10 = $ _____	$40 \div 10 = $ _____
$20 \div 5 = $ _____	$55 \div 5 = $ _____	$20 \div 10 = $ _____	$90 \div 10 = $ _____
$55 \div 5 = $ _____	$20 \div 10 = $ _____	$10 \div 10 = $ _____	$15 \div 5 = $ _____
$4 \div 2 = $ _____	$35 \div 5 = $ _____	$15 \div 5 = $ _____	$12 \div 2 = $ _____
$2 \div 2 = $ _____	$24 \div 2 = $ _____	$24 \div 2 = $ _____	$14 \div 2 = $ _____
$80 \div 10 = $ _____	$4 \div 2 = $ _____	$45 \div 5 = $ _____	$30 \div 10 = $ _____
$60 \div 10 = $ _____	$40 \div 10 = $ _____	$90 \div 10 = $ _____	$5 \div 5 = $ _____
$30 \div 10 = $ _____	$100 \div 10 = $ _____	$50 \div 5 = $ _____	$45 \div 5 = $ _____
$40 \div 10 = $ _____	$22 \div 2 = $ _____	$22 \div 2 = $ _____	$16 \div 2 = $ _____
$14 \div 2 = $ _____	$120 \div 10 = $ _____	$5 \div 5 = $ _____	$25 \div 5 = $ _____
Score $= \frac{}{25}$	Score $= \frac{}{25}$	Score $= \frac{}{25}$	Score $= \frac{}{25}$

2, 5 and 10 Times Tables – Word Problems

Exercise 21

1. Joshua and Nina have a birthday party. For the games there are ten children and they each need two balloons. How many balloons do they need? _____

2. Lukas gets two magazines a month for 12 months. How many magazines has he received after 12 months? _____

3. The primary school that Claire attends has five netball teams. If they each have seven players, how many netball players are there? _____

4. One packet of chocolate bars contains five chocolates. How many packets are needed to give one chocolate each to 45 people? _____

5. A multi pack of crisps contains eight individual packets of crisps. How many packets of crisps are there in two multi packs? _____

6. Rupa, Thelma and Akshay each receive five books for Christmas. How many books do they receive altogether? _____

7. Meena needs twenty five screws to complete the table she is making. If screws come in packs of five, how many packs does she need? _____

8. Robert saves 10p per week. How much has he saved after 9 weeks? _____

9. Apples cost 5p each at the local shops. How much does it cost to buy eleven apples? _____

10. A dozen (12) eggs cost 60p. How much does each egg cost? _____

Score = $\frac{}{10}$

Progress so far

Have a look at how many of the times tables you already know. Great work. Keep it up. ☺

One	Two	Three	Four
1 x 1 = 1	1 x 2 = 2	1 x 3 = 3	1 x 4 = 4
2 x 1 = 2	2 x 2 = 4	2 x 3 = 6	2 x 4 = 8
3 x 1 = 3	3 x 2 = 6	3 x 3 = 9	3 x 4 = 12
4 x 1 = 4	4 x 2 = 8	4 x 3 = 12	4 x 4 = 16
5 x 1 = 5	5 x 2 = 10	5 x 3 = 15	5 x 4 = 20
6 x 1 = 6	6 x 2 = 12	6 x 3 = 18	6 x 4 = 24
7 x 1 = 7	7 x 2 = 14	7 x 3 = 21	7 x 4 = 28
8 x 1 = 8	8 x 2 = 16	8 x 3 = 24	8 x 4 = 32
9 x 1 = 9	9 x 2 = 18	9 x 3 = 27	9 x 4 = 36
10 x 1 = 10	10 x 2 = 20	10 x 3 = 30	10 x 4 = 40
11 x 1 = 11	11 x 2 = 22	11 x 3 = 33	11 x 4 = 44
12 x 1 = 12	12 x 2 = 24	12 x 3 = 36	12 x 4 = 48

Five	Six	Seven	Eight
1 x 5 = 5	1 x 6 = 6	1 x 7 = 7	1 x 8 = 8
2 x 5 = 10	2 x 6 = 12	2 x 7 = 14	2 x 8 = 16
3 x 5 = 15	3 x 6 = 18	3 x 7 = 21	3 x 8 = 24
4 x 5 = 20	4 x 6 = 24	4 x 7 = 28	4 x 8 = 32
5 x 5 = 25	5 x 6 = 30	5 x 7 = 35	5 x 8 = 40
6 x 5 = 30	6 x 6 = 36	6 x 7 = 42	6 x 8 = 48
7 x 5 = 35	7 x 6 = 42	7 x 7 = 49	7 x 8 = 56
8 x 5 = 40	8 x 6 = 48	8 x 7 = 56	8 x 8 = 64
9 x 5 = 45	9 x 6 = 54	9 x 7 = 63	9 x 8 = 72
10 x 5 = 50	10 x 6 = 60	10 x 7 = 70	10 x 8 = 80
11 x 5 = 55	11 x 6 = 66	11 x 7 = 77	11 x 8 = 88
12 x 5 = 60	12 x 6 = 72	12 x 7 = 84	12 x 8 = 96

Nine	Ten	Eleven	Twelve
1 x 9 = 9	1 x 10 = 10	1 x 11 = 11	1 x 12 = 12
2 x 9 = 18	2 x 10 = 20	2 x 11 = 22	2 x 12 = 24
3 x 9 = 27	3 x 10 = 30	3 x 11 = 33	3 x 12 = 36
4 x 9 = 36	4 x 10 = 40	4 x 11 = 44	4 x 12 = 48
5 x 9 = 45	5 x 10 = 50	5 x 11 = 55	5 x 12 = 60
6 x 9 = 54	6 x 10 = 60	6 x 11 = 66	6 x 12 = 72
7 x 9 = 63	7 x 10 = 70	7 x 11 = 77	7 x 12 = 84
8 x 9 = 72	8 x 10 = 80	8 x 11 = 88	8 x 12 = 96
9 x 9 = 81	9 x 10 = 90	9 x 11 = 99	9 x 12 = 108
10 x 9 = 90	10 x 10 = 100	10 x 11 = 110	10 x 12 = 120
11 x 9 = 99	11 x 10 = 110	11 x 11 = 121	11 x 12 = 132
12 x 9 = 108	12 x 10 = 120	12 x 11 = 132	12 x 12 = 144

Turn over for the three, four and six times tables.

Three Times Tables – Write, Cover, Check

For all the numbers in the three times table, if you add the digits the answer is three, six or nine.

For example

5 x 3 = 15	1 + 5 = 6
6 x 3 = 18	1 + 8 = 9
7 x 3 = 21	2 + 1 = 3

If when I add the digits I get a number consisting of more than two digits, then I keep adding the digits until I have a two digit number.

For example   13 x 3 = 39.   3 + 9 = 12   so I repeat and   1 + 2 = 3

1 x 3 = 3   _____   _____   3 ÷ 3 = _____

2 x 3 = 6   _____   _____   6 ÷ 3 = _____

3 x 3 = 9   _____   _____   9 ÷ 3 = _____

4 x 3 = 12   _____   _____   12 ÷ 3 = _____

5 x 3 = 15   _____   _____   15 ÷ 3 = _____

6 x 3 = 18   _____   _____   18 ÷ 3 = _____

7 x 3 = 21   _____   _____   21 ÷ 3 = _____

8 x 3 = 24   _____   _____   24 ÷ 3 = _____

9 x 3 = 27   _____   _____   27 ÷ 3 = _____

10 x 3 = 30   _____   _____   30 ÷ 3 = _____

11 x 3 = 33   _____   _____   33 ÷ 3 = _____

12 x 3 = 36   _____   _____   36 ÷ 3 = _____

Score = $\frac{}{12}$ Score = $\frac{}{12}$

Three Times Tables – Practice

Exercise 22

0 x 3 = _____
6 x 3 = _____
3 x 3 = _____
2 x 3 = _____
10 x 3 = _____
3 x 3 = _____
9 x 3 = _____
3 x 1 = _____
3 x 11 = _____
3 x 12 = _____
1 x 3 = _____
5 x 3 = _____
3 x 6 = _____
11 x 3 = _____
3 x 4 = _____
7 x 3 = _____
3 x 5 = _____
3 x 2 = _____
8 x 3 = _____
3 x 9 = _____
12 x 3 = _____
3 x 7 = _____
4 x 3 = _____
3 x 10 = _____
3 x 8 = _____

Score = $\frac{}{25}$

Exercise 23

7 x 3 = _____
1 x 3 = _____
2 x 3 = _____
3 x 3 = _____
3 x 5 = _____
11 x 3 = _____
6 x 3 = _____
3 x 4 = _____
12 x 3 = _____
10 x 3 = _____
4 x 3 = _____
8 x 3 = _____
3 x 10 = _____
3 x 8 = _____
3 x 12 = _____
3 x 11 = _____
9 x 3 = _____
3 x 1 = _____
3 x 3 = _____
3 x 2 = _____
3 x 6 = _____
3 x 7 = _____
0 x 3 = _____
5 x 3 = _____
3 x 9 = _____

Score = $\frac{}{25}$

Exercise 24

3 x 10 = _____
11 x 3 = _____
3 x 3 = _____
5 x 3 = _____
3 x 12 = _____
10 x 3 = _____
9 x 3 = _____
1 x 3 = _____
3 x 11 = _____
3 x 8 = _____
8 x 3 = _____
3 x 9 = _____
3 x 5 = _____
0 x 3 = _____
3 x 2 = _____
12 x 3 = _____
3 x 7 = _____
3 x 3 = _____
4 x 3 = _____
7 x 3 = _____
3 x 1 = _____
2 x 3 = _____
3 x 6 = _____
3 x 4 = _____
6 x 3 = _____

Score = $\frac{}{25}$

Exercise 25

18 ÷ 3 = _____
9 ÷ 3 = _____
21 ÷ 3 = _____
33 ÷ 3 = _____
36 ÷ 3 = _____
6 ÷ 3 = _____
12 ÷ 3 = _____
24 ÷ 3 = _____
21 ÷ 3 = _____
15 ÷ 3 = _____
33 ÷ 3 = _____
3 ÷ 3 = _____
36 ÷ 3 = _____
18 ÷ 3 = _____
3 ÷ 3 = _____
30 ÷ 3 = _____
24 ÷ 3 = _____
27 ÷ 3 = _____
12 ÷ 3 = _____
6 ÷ 3 = _____
3 ÷ 1 = _____
27 ÷ 3 = _____
9 ÷ 3 = _____
30 ÷ 3 = _____
15 ÷ 3 = _____

Score = $\frac{}{25}$

Four Times Tables – Write, Cover, Check

Every second number in the two times table is in the four times table. So if you forget the answer to one of the four times table you can multiply the number by two twice. For example if I have forgotten what 3 x 4 is, I can multiply 3 by 2 and get 6, then multiply my answer (6) by 2 and get 12.

1 x 4 = 4	_____	_____	$4 \div 4 =$ _____
2 x 4 = 8	_____	_____	$8 \div 4 =$ _____
3 x 4 = 12	_____	_____	$12 \div 4 =$ _____
4 x 4 = 16	_____	_____	$16 \div 4 =$ _____
5 x 4 = 20	_____	_____	$20 \div 4 =$ _____
6 x 4 = 24	_____	_____	$24 \div 4 =$ _____
7 x 4 = 28	_____	_____	$28 \div 4 =$ _____
8 x 4 = 32	_____	_____	$32 \div 4 =$ _____
9 x 4 = 36	_____	_____	$36 \div 4 =$ _____
10 x 4 = 40	_____	_____	$40 \div 4 =$ _____
11 x 4 = 44	_____	_____	$44 \div 4 =$ _____
12 x 4 = 48	_____	_____	$48 \div 4 =$ _____

Score = $\frac{}{12}$ Score = $\frac{}{12}$

Four Times Tables – Practice

Exercise 26

4 x 9 = _____

2 x 4 = _____

4 x 1 = _____

9 x 4 = _____

4 x 6 = _____

3 x 4 = _____

11 x 4 = _____

6 x 4 = _____

7 x 4 = _____

4 x 7 = _____

1 x 4 = _____

4 x 8 = _____

4 x 2 = _____

5 x 4 = _____

10 x 4 = _____

8 x 4 = _____

4 x 11 = _____

4 x 4 = _____

4 x 12 = _____

4 x 10 = _____

4 x 4 = _____

4 x 5 = _____

4 x 3 = _____

0 x 4 = _____

12 x 4 = _____

Score = $\frac{}{25}$

Exercise 27

5 x 4 = _____

4 x 9 = _____

4 x 2 = _____

12 x 4 = _____

3 x 4 = _____

11 x 4 = _____

2 x 4 = _____

4 x 10 = _____

4 x 4 = _____

4 x 1 = _____

4 x 8 = _____

4 x 7 = _____

4 x 6 = _____

8 x 4 = _____

4 x 3 = _____

4 x 5 = _____

4 x 11 = _____

1 x 4 = _____

7 x 4 = _____

10 x 4 = _____

0 x 4 = _____

4 x 12 = _____

6 x 4 = _____

4 x 4 = _____

9 x 4 = _____

Score = $\frac{}{25}$

Exercise 28

10 x 4 = _____

4 x 6 = _____

4 x 9 = _____

4 x 4 = _____

9 x 4 = _____

6 x 4 = _____

4 x 3 = _____

0 x 4 = _____

4 x 5 = _____

4 x 8 = _____

4 x 7 = _____

4 x 2 = _____

7 x 4 = _____

5 x 4 = _____

3 x 4 = _____

4 x 10 = _____

2 x 4 = _____

11 x 4 = _____

1 x 4 = _____

4 x 11 = _____

4 x 4 = _____

4 x 12 = _____

12 x 4 = _____

4 x 1 = _____

8 x 4 = _____

Score = $\frac{}{25}$

Exercise 29

4 ÷ 4 = _____

36 ÷ 4 = _____

24 ÷ 4 = _____

16 ÷ 4 = _____

44 ÷ 4 = _____

4 ÷ 1 = _____

48 ÷ 4 = _____

28 ÷ 4 = _____

20 ÷ 4 = _____

8 ÷ 4 = _____

32 ÷ 4 = _____

8 ÷ 4 = _____

32 ÷ 4 = _____

28 ÷ 4 = _____

12 ÷ 4 = _____

40 ÷ 4 = _____

48 ÷ 4 = _____

4 ÷ 4 = _____

12 ÷ 4 = _____

44 ÷ 4 = _____

16 ÷ 4 = _____

24 ÷ 4 = _____

20 ÷ 4 = _____

36 ÷ 4 = _____

40 ÷ 4 = _____

Score = $\frac{}{25}$

Six Times Tables – Write, Cover, Check

All the numbers in the six times table must be in both the two times table and the three times table. So if I forget one of my six times table I can multiply the number by 3 and then by 2. So, if I have forgotten what 4 x 6 is, I can multiply 4 by 2 to get 8 and then multiply my answer (8) by 3 to get 24.

1 x 6 = 6	_____	_____	6 ÷ 6 = _____
2 x 6 = 12	_____	_____	12 ÷ 6 = _____
3 x 6 = 18	_____	_____	18 ÷ 6 = _____
4 x 6 = 24	_____	_____	24 ÷ 6 = _____
5 x 6 = 30	_____	_____	30 ÷ 6 = _____
6 x 6 = 36	_____	_____	36 ÷ 6 = _____
7 x 6 = 42	_____	_____	42 ÷ 6 = _____
8 x 6 = 48	_____	_____	48 ÷ 6 = _____
9 x 6 = 54	_____	_____	54 ÷ 6 = _____
10 x 6 = 60	_____	_____	60 ÷ 6 = _____
11 x 6 = 66	_____	_____	66 ÷ 6 = _____
12 x 6 = 72	_____	_____	72 ÷ 6 = _____

$$\text{Score} = \frac{}{12} \qquad \text{Score} = \frac{}{12}$$

Six Times Tables – Practice

Exercise 30	Exercise 31	Exercise 32	Exercise 33
8 x 6 = _____	6 x 6 = _____	6 x 8 = _____	48 ÷ 6 = _____
6 x 1 = _____	6 x 8 = _____	6 x 3 = _____	66 ÷ 6 = _____
6 x 11 = _____	6 x 1 = _____	6 x 9 = _____	42 ÷ 6 = _____
5 x 6 = _____	7 x 6 = _____	10 x 6 = _____	6 ÷ 6 = _____
10 x 6 = _____	1 x 6 = _____	12 x 6 = _____	60 ÷ 6 = _____
4 x 6 = _____	0 x 6 = _____	6 x 10 = _____	36 ÷ 6 = _____
11 x 6 = _____	6 x 11 = _____	7 x 6 = _____	30 ÷ 6 = _____
6 x 6 = _____	12 x 6 = _____	11 x 6 = _____	54 ÷ 6 = _____
2 x 6 = _____	6 x 7 = _____	6 x 4 = _____	6 ÷ 1 = _____
6 x 9 = _____	11 x 6 = _____	6 x 6 = _____	18 ÷ 6 = _____
1 x 6 = _____	6 x 10 = _____	3 x 6 = _____	66 ÷ 6 = _____
6 x 8 = _____	4 x 6 = _____	6 x 1 = _____	24 ÷ 6 = _____
6 x 10 = _____	2 x 6 = _____	1 x 6 = _____	12 ÷ 6 = _____
6 x 5 = _____	6 x 6 = _____	5 x 6 = _____	30 ÷ 6 = _____
12 x 6 = _____	6 x 5 = _____	6 x 12 = _____	54 ÷ 6 = _____
3 x 6 = _____	6 x 9 = _____	6 x 2 = _____	72 ÷ 6 = _____
6 x 4 = _____	10 x 6 = _____	2 x 6 = _____	6 ÷ 6 = _____
6 x 3 = _____	9 x 6 = _____	0 x 6 = _____	42 ÷ 6 = _____
7 x 6 = _____	6 x 4 = _____	6 x 7 = _____	12 ÷ 6 = _____
9 x 6 = _____	5 x 6 = _____	6 x 5 = _____	72 ÷ 6 = _____
6 x 6 = _____	6 x 12 = _____	6 x 11 = _____	60 ÷ 6 = _____
6 x 7 = _____	6 x 3 = _____	6 x 6 = _____	18 ÷ 6 = _____
6 x 12 = _____	8 x 6 = _____	4 x 6 = _____	24 ÷ 6 = _____
0 x 6 = _____	6 x 2 = _____	9 x 6 = _____	48 ÷ 6 = _____
6 x 2 = _____	3 x 6 = _____	8 x 6 = _____	36 ÷ 6 = _____
Score = $\frac{}{25}$	Score = $\frac{}{25}$	Score = $\frac{}{25}$	Score = $\frac{}{25}$

3, 4 and 6 Times Tables – Practice

Exercise 34	Exercise 35	Exercise 36	Exercise 37
8 x 3 = _____	5 x 3 = _____	10 x 6 = _____	9 ÷ 3 = _____
2 x 4 = _____	12 x 6 = _____	6 x 3 = _____	33 ÷ 3 = _____
2 x 3 = _____	4 x 6 = _____	6 x 6 = _____	27 ÷ 3 = _____
3 x 3 = _____	12 x 3 = _____	5 x 3 = _____	15 ÷ 3 = _____
6 x 4 = _____	6 x 6 = _____	7 x 3 = _____	8 ÷ 4 = _____
9 x 6 = _____	12 x 4 = _____	4 x 4 = _____	30 ÷ 3 = _____
9 x 3 = _____	4 x 4 = _____	12 x 3 = _____	16 ÷ 4 = _____
3 x 6 = _____	1 x 4 = _____	2 x 6 = _____	4 ÷ 4 = _____
11 x 4 = _____	11 x 6 = _____	3 x 3 = _____	36 ÷ 4 = _____
7 x 4 = _____	1 x 6 = _____	5 x 6 = _____	6 ÷ 3 = _____
11 x 3 = _____	10 x 4 = _____	7 x 6 = _____	18 ÷ 6 = _____
9 x 4 = _____	2 x 4 = _____	2 x 3 = _____	44 ÷ 4 = _____
10 x 3 = _____	11 x 4 = _____	12 x 4 = _____	60 ÷ 6 = _____
3 x 4 = _____	4 x 3 = _____	8 x 3 = _____	48 ÷ 6 = _____
7 x 6 = _____	11 x 3 = _____	5 x 4 = _____	32 ÷ 4 = _____
5 x 6 = _____	1 x 4 = _____	8 x 6 = _____	36 ÷ 6 = _____
7 x 3 = _____	8 x 4 = _____	10 x 4 = _____	20 ÷ 4 = _____
1 x 3 = _____	6 x 4 = _____	1 x 6 = _____	3 ÷ 3 = _____
2 x 6 = _____	10 x 3 = _____	11 x 6 = _____	36 ÷ 3 = _____
6 x 3 = _____	9 x 4 = _____	9 x 6 = _____	40 ÷ 4 = _____
8 x 6 = _____	1 x 3 = _____	9 x 3 = _____	42 ÷ 6 = _____
10 x 6 = _____	4 x 6 = _____	12 x 6 = _____	54 ÷ 6 = _____
4 x 3 = _____	7 x 4 = _____	7 x 6 = _____	24 ÷ 6 = _____
8 x 4 = _____	3 x 4 = _____	11 x 4 = _____	24 ÷ 3 = _____
5 x 4 = _____	3 x 6 = _____	6 x 8 = _____	12 ÷ 4 = _____

Score = ___ / 25   Score = ___ / 25   Score = ___ / 25   Score = ___ / 25

3, 4 and 6 Times Tables – Word Problems

Exercise 38

1. If one CD costs £4 how much will six CDs cost? _____

2. If Nayha has £24 how many toys can she buy, if they cost £3 each? _____

3. Sukhmani, Rachael and Anaya each have six stickers. How many stickers do they have altogether? _____

4. Mahek likes drawing cartoon characters. If Mahek can fit four drawings on a page, how many pages does she need to draw 36 characters? _____

5. Jacob is good at typing. He can type a page in 3 minutes. If he has 36 minutes how many pages can he type? _____

6. At a school fair, sweets are sold in bags of four. Roshan buys eight bags for his friends. How many sweets do they have? _____

7. A teacher is organising a sports game. If there are thirty students, how many groups of six can be made? _____

8. A hexagon has six sides. How many sides in total would seven hexagons have? _____

9. One container holds three crates. Each crate holds four bottles. How many bottles in six containers? _____

10. A carton of orange juice holds 6 cups. How many cartons are needed to fill 48 cups? _____

Score = $\frac{}{10}$

Progress so far

You have now learned over 80% of the times tables. Great work. Keep it up. ☺

One	Two	Three	Four
1 x 1 = 1	1 x 2 = 2	1 x 3 = 3	1 x 4 = 4
2 x 1 = 2	2 x 2 = 4	2 x 3 = 6	2 x 4 = 8
3 x 1 = 3	3 x 2 = 6	3 x 3 = 9	3 x 4 = 12
4 x 1 = 4	4 x 2 = 8	4 x 3 = 12	4 x 4 = 16
5 x 1 = 5	5 x 2 = 10	5 x 3 = 15	5 x 4 = 20
6 x 1 = 6	6 x 2 = 12	6 x 3 = 18	6 x 4 = 24
7 x 1 = 7	7 x 2 = 14	7 x 3 = 21	7 x 4 = 28
8 x 1 = 8	8 x 2 = 16	8 x 3 = 24	8 x 4 = 32
9 x 1 = 9	9 x 2 = 18	9 x 3 = 27	9 x 4 = 36
10 x 1 = 10	10 x 2 = 20	10 x 3 = 30	10 x 4 = 40
11 x 1 = 11	11 x 2 = 22	11 x 3 = 33	11 x 4 = 44
12 x 1 = 12	12 x 2 = 24	12 x 3 = 36	12 x 4 = 48

Five	Six	Seven	Eight
1 x 5 = 5	1 x 6 = 6	1 x 7 = 7	1 x 8 = 8
2 x 5 = 10	2 x 6 = 12	2 x 7 = 14	2 x 8 = 16
3 x 5 = 15	3 x 6 = 18	3 x 7 = 21	3 x 8 = 24
4 x 5 = 20	4 x 6 = 24	4 x 7 = 28	4 x 8 = 32
5 x 5 = 25	5 x 6 = 30	5 x 7 = 35	5 x 8 = 40
6 x 5 = 30	6 x 6 = 36	6 x 7 = 42	6 x 8 = 48
7 x 5 = 35	7 x 6 = 42	7 x 7 = 49	7 x 8 = 56
8 x 5 = 40	8 x 6 = 48	8 x 7 = 56	8 x 8 = 64
9 x 5 = 45	9 x 6 = 54	9 x 7 = 63	9 x 8 = 72
10 x 5 = 50	10 x 6 = 60	10 x 7 = 70	10 x 8 = 80
11 x 5 = 55	11 x 6 = 66	11 x 7 = 77	11 x 8 = 88
12 x 5 = 60	12 x 6 = 72	12 x 7 = 84	12 x 8 = 96

Nine	Ten	Eleven	Twelve
1 x 9 = 9	1 x 10 = 10	1 x 11 = 11	1 x 12 = 12
2 x 9 = 18	2 x 10 = 20	2 x 11 = 22	2 x 12 = 24
3 x 9 = 27	3 x 10 = 30	3 x 11 = 33	3 x 12 = 36
4 x 9 = 36	4 x 10 = 40	4 x 11 = 44	4 x 12 = 48
5 x 9 = 45	5 x 10 = 50	5 x 11 = 55	5 x 12 = 60
6 x 9 = 54	6 x 10 = 60	6 x 11 = 66	6 x 12 = 72
7 x 9 = 63	7 x 10 = 70	7 x 11 = 77	7 x 12 = 84
8 x 9 = 72	8 x 10 = 80	8 x 11 = 88	8 x 12 = 96
9 x 9 = 81	9 x 10 = 90	9 x 11 = 99	9 x 12 = 108
10 x 9 = 90	10 x 10 = 100	10 x 11 = 110	10 x 12 = 120
11 x 9 = 99	11 x 10 = 110	11 x 11 = 121	11 x 12 = 132
12 x 9 = 108	12 x 10 = 120	12 x 11 = 132	12 x 12 = 144

Turn over for the seven, eight and nine times tables.

Seven Times Tables – Write, Cover, Check

The seven times table may look daunting, however, you already know all but five of them.

1 x 7 = 7	_____	_____	7 ÷ 7 = _____
2 x 7 = 14	_____	_____	14 ÷ 7 = _____
3 x 7 = 21	_____	_____	21 ÷ 7 = _____
4 x 7 = 28	_____	_____	28 ÷ 7 = _____
5 x 7 = 35	_____	_____	35 ÷ 7 = _____
6 x 7 = 42	_____	_____	42 ÷ 7 = _____
7 x 7 = 49	_____	_____	49 ÷ 7 = _____
8 x 7 = 56	_____	_____	56 ÷ 7 = _____
9 x 7 = 63	_____	_____	63 ÷ 7 = _____
10 x 7 = 70	_____	_____	70 ÷ 7 = _____
11 x 7 = 77	_____	_____	77 ÷ 7 = _____
12 x 7 = 84	_____	_____	84 ÷ 7 = _____
	Score = $\frac{}{12}$	Score = $\frac{}{12}$	

Seven Times Tables – Practice

Exercise 39

7 x 6 = _____
5 x 7 = _____
10 x 7 = _____
7 x 7 = _____
7 x 4 = _____
7 x 9 = _____
0 x 7 = _____
7 x 11 = _____
1 x 7 = _____
7 x 5 = _____
6 x 7 = _____
7 x 2 = _____
8 x 7 = _____
12 x 7 = _____
4 x 7 = _____
7 x 10 = _____
3 x 7 = _____
7 x1 = _____
11 x 7 = _____
7 x 8 = _____
9 x 7 = _____
7 x 12 = _____
2 x 7 = _____
7 x 3 = _____
7 x 7 = _____

Score = $\frac{}{25}$

Exercise 40

7 x 2 = _____
7 x 9 = _____
7 x 3 = _____
1 x 7 = _____
7 x 5 = _____
5 x 7 = _____
7 x 8 = _____
4 x 7 = _____
10 x 7 = _____
3 x 7 = _____
7 x 11 = _____
6 x 7 = _____
12 x 7 = _____
7 x 4 = _____
7 x1 = _____
7 x 10 = _____
7 x 12 = _____
7 x 7 = _____
8 x 7 = _____
11 x 7 = _____
7 x 7 = _____
9 x 7 = _____
2 x 7 = _____
0 x 7 = _____
7 x 6 = _____

Score = $\frac{}{25}$

Exercise 41

10 x 7 = _____
7 x 7 = _____
7 x 5 = _____
3 x 7 = _____
6 x 7 = _____
5 x 7 = _____
1 x 7 = _____
7 x 2 = _____
0 x 7 = _____
9 x 7 = _____
2 x 7 = _____
7 x 12 = _____
4 x 7 = _____
7 x 10 = _____
7 x 4 = _____
7 x 7 = _____
8 x 7 = _____
7 x 6 = _____
7 x 3 = _____
12 x 7 = _____
7 x 1 = _____
11 x 7 = _____
7 x 9 = _____
7 x 8 = _____
7 x 11 = _____

Score = $\frac{}{25}$

Exercise 42

28 ÷ 7 = _____
56 ÷ 7 = _____
21 ÷ 7 = _____
70 ÷ 7 = _____
56 ÷ 7 = _____
35 ÷ 7 = _____
7 ÷ 7 = _____
77 ÷ 7 = _____
21 ÷ 7 = _____
70 ÷ 7 = _____
49 ÷ 7 = _____
63 ÷ 7 = _____
77 ÷ 7 = _____
42 ÷ 7 = _____
14 ÷ 7 = _____
7 ÷ 1 = _____
84 ÷ 7 = _____
35 ÷ 7 = _____
7 ÷ 7 = _____
84 ÷ 7 = _____
42 ÷ 7 = _____
28 ÷ 7 = _____
49 ÷ 7 = _____
14 ÷ 7 = _____
63 ÷ 7 = _____

Score = $\frac{}{25}$

Eight Times Tables – Write, Cover, Check

The eight times table contains every second number of the four times table.

1 x 8 = 8	_____	_____	8 ÷ 8 = _____
2 x 8 = 16	_____	_____	16 ÷ 8 = _____
3 x 8 = 24	_____	_____	24 ÷ 8 = _____
4 x 8 = 32	_____	_____	32 ÷ 8 = _____
5 x 8 = 40	_____	_____	40 ÷ 8 = _____
6 x 8 = 48	_____	_____	48 ÷ 8 = _____
7 x 8 = 56	_____	_____	56 ÷ 8 = _____
8 x 8 = 64	_____	_____	64 ÷ 8 = _____
9 x 8 = 72	_____	_____	72 ÷ 8 = _____
10 x 8 = 80	_____	_____	80 ÷ 8 = _____
11 x 8 = 88	_____	_____	88 ÷ 8 = _____
12 x 8 = 96	_____	_____	96 ÷ 8 = _____

Score = $\frac{}{12}$ Score = $\frac{}{12}$

Eight Times Tables – Practice

Exercise 43

12 x 8 = _____

4 x 8 = _____

9 x 8 = _____

6 x 8 = _____

8 x 8 = _____

10 x 8 = _____

8 x 6 = _____

2 x 8 = _____

0 x 8 = _____

8 x 8 = _____

8 x 12 = _____

8 x 7 = _____

7 x 8 = _____

11 x 8 = _____

8 x 9 = _____

3 x 8 = _____

5 x 8 = _____

8 x 1 = _____

8 x 3 = _____

8 x 4 = _____

8 x 10 = _____

8 x 2 = _____

8 x 11 = _____

1 x 8 = _____

8 x 5 = _____

Score = $\frac{}{25}$

Exercise 44

4 x 8 = _____

11 x 8 = _____

8 x 7 = _____

6 x 8 = _____

2 x 8 = _____

7 x 8 = _____

5 x 8 = _____

8 x 1 = _____

8 x 4 = _____

12 x 8 = _____

8 x 8 = _____

1 x 8 = _____

0 x 8 = _____

8 x 6 = _____

9 x 8 = _____

8 x 8 = _____

8 x 12 = _____

8 x 10 = _____

8 x 11 = _____

10 x 8 = _____

8 x 5 = _____

3 x 8 = _____

8 x 9 = _____

8 x 3 = _____

8 x 2 = _____

Score = $\frac{}{25}$

Exercise 45

8 x 3 = _____

2 x 8 = _____

5 x 8 = _____

8 x 10 = _____

8 x 11 = _____

4 x 8 = _____

8 x 8 = _____

8 x 2 = _____

8 x 6 = _____

8 x 9 = _____

10 x 8 = _____

8 x 12 = _____

1 x 8 = _____

7 x 8 = _____

12 x 8 = _____

8 x 1 = _____

8 x 8 = _____

8 x 4 = _____

11 x 8 = _____

8 x 7 = _____

6 x 8 = _____

3 x 8 = _____

0 x 8 = _____

8 x 5 = _____

9 x 8 = _____

Score = $\frac{}{25}$

Exercise 46

64 ÷ 8 = _____

80 ÷ 8 = _____

32 ÷ 8 = _____

96 ÷ 8 = _____

48 ÷ 8 = _____

40 ÷ 8 = _____

16 ÷ 8 = _____

24 ÷ 8 = _____

56 ÷ 8 = _____

80 ÷ 8 = _____

40 ÷ 8 = _____

96 ÷ 8 = _____

8 ÷ 1 = _____

88 ÷ 8 = _____

32 ÷ 8 = _____

88 ÷ 8 = _____

16 ÷ 8 = _____

72 ÷ 8 = _____

48 ÷ 8 = _____

8 ÷ 8 = _____

64 ÷ 8 = _____

56 ÷ 8 = _____

24 ÷ 8 = _____

8 ÷ 8 = _____

72 ÷ 8 = _____

Score = $\frac{}{25}$

Nine Times Tables – Write, Cover, Check

The nine times table is one of the easiest. The digits in the nine times table add up to nine. To work out the first 10, take one from the number you are multiplying by nine, this is the tens place. Then work out what you would need to add to this number to make nine and that is your units.

For example: $4 \times 9 = ?$ First subtract 1 from 4 which is 3. So 3 is my tens place.
Then work out $3 + ? = 9$. $3 + 6 = 9$.   So, $4 \times 9 = 36$

$1 \times 9 = 9$	_____	_____	$9 \div 9 = $ _____
$2 \times 9 = 18$	_____	_____	$18 \div 9 = $ _____
$3 \times 9 = 27$	_____	_____	$27 \div 9 = $ _____
$4 \times 9 = 36$	_____	_____	$36 \div 9 = $ _____
$5 \times 9 = 45$	_____	_____	$45 \div 9 = $ _____
$6 \times 9 = 54$	_____	_____	$54 \div 9 = $ _____
$7 \times 9 = 63$	_____	_____	$63 \div 9 = $ _____
$8 \times 9 = 72$	_____	_____	$72 \div 9 = $ _____
$9 \times 9 = 81$	_____	_____	$81 \div 9 = $ _____
$10 \times 9 = 90$	_____	_____	$90 \div 9 = $ _____
$11 \times 9 = 99$	_____	_____	$99 \div 9 = $ _____
$12 \times 9 = 108$	_____	_____	$108 \div 9 = $ _____

Score $= \dfrac{}{12}$ Score $= \dfrac{}{12}$

Nine Times Tables – Practice

Exercise 47

9 x 6 = _____

9 x 9 = _____

12 x 9 = _____

9 x 9 = _____

7 x 9 = _____

0 x 9 = _____

9 x 10 = _____

11 x 9 = _____

9 x1 = _____

5 x 9 = _____

9 x 2 = _____

9 x 12 = _____

9 x 11 = _____

9 x 7 = _____

6 x 9 = _____

1 x 9 = _____

9 x 3 = _____

9 x 8 = _____

4 x 9 = _____

9 x 5 = _____

9 x 4 = _____

10 x 9 = _____

8 x 9 = _____

3 x 9 = _____

2 x 9 = _____

Score = $\frac{}{25}$

Exercise 48

9 x 7 = _____

9 x 11 = _____

10 x 9 = _____

12 x 9 = _____

9 x 6 = _____

9 x 9 = _____

7 x 9 = _____

5 x 9 = _____

8 x 9 = _____

6 x 9 = _____

9 x 8 = _____

9 x 5 = _____

9 x 3 = _____

9 x1 = _____

2 x 9 = _____

9 x 9 = _____

3 x 9 = _____

0 x 9 = _____

9 x 10 = _____

11 x 9 = _____

9 x 2 = _____

4 x 9 = _____

9 x 12 = _____

9 x 4 = _____

1 x 9 = _____

Score = $\frac{}{25}$

Exercise 49

10 x 9 = _____

9 x 12 = _____

9 x 9 = _____

6 x 9 = _____

12 x 9 = _____

2 x 9 = _____

4 x 9 = _____

9 x 6 = _____

9 x 4 = _____

9 x 8 = _____

3 x 9 = _____

9 x 2 = _____

9 x 11 = _____

1 x 9 = _____

7 x 9 = _____

9 x 3 = _____

9 x 9 = _____

9 x 7 = _____

9 x1 = _____

8 x 9 = _____

0 x 9 = _____

9 x 5 = _____

11 x 9 = _____

5 x 9 = _____

9 x 10 = _____

Score = $\frac{}{25}$

Exercise 50

54 ÷ 9 = _____

63 ÷ 9 = _____

36 ÷ 9 = _____

18 ÷ 9 = _____

45 ÷ 9 = _____

81 ÷ 9 = _____

45 ÷ 9 = _____

90 ÷ 9 = _____

72 ÷ 9 = _____

36 ÷ 9 = _____

108 ÷ 9 = _____

72 ÷ 9 = _____

9 ÷ 1 = _____

54 ÷ 9 = _____

63 ÷ 9 = _____

99 ÷ 9 = _____

9 ÷ 9 = _____

27 ÷ 9 = _____

9 ÷ 9 = _____

81 ÷ 9 = _____

99 ÷ 9 = _____

18 ÷ 9 = _____

27 ÷ 9 = _____

108 ÷ 9 = _____

90 ÷ 9 = _____

Score = $\frac{}{25}$

7, 8 and 9 Times Tables – Practice

Exercise 51

5 x 8 = _____
5 x 7 = _____
3 x 9 = _____
2 x 7 = _____
6 x 7 = _____
8 x 7 = _____
7 x 9 = _____
8 x 8 = _____
7 x 8 = _____
10 x 8 = _____
12 x 8 = _____
2 x 8 = _____
6 x 9 = _____
7 x 7 = _____
4 x 9 = _____
2 x 9 = _____
12 x 9 = _____
11 x 8 = _____
1 x 8 = _____
9 x 8 = _____
10 x 7 = _____
3 x 8 = _____
1 x 9 = _____
9 x 7 = _____
11 x 7 = _____

Score = $\frac{}{25}$

Exercise 52

4 x 7 = _____
1 x 7 = _____
10 x 9 = _____
4 x 8 = _____
8 x 9 = _____
9 x 9 = _____
6 x 8 = _____
12 x 7 = _____
5 x 9 = _____
11 x 9 = _____
3 x 7 = _____
12 x 7 = _____
4 x 9 = _____
6 x 7 = _____
5 x 8 = _____
4 x 8 = _____
2 x 8 = _____
9 x 7 = _____
9 x 9 = _____
1 x 8 = _____
8 x 8 = _____
7 x 9 = _____
5 x 7 = _____
1 x 9 = _____
2 x 7 = _____

Score = $\frac{}{25}$

Exercise 53

10 x 8 = _____
11 x 8 = _____
8 x 9 = _____
3 x 9 = _____
3 x 7 = _____
7 x 8 = _____
11 x 9 = _____
6 x 8 = _____
12 x 9 = _____
9 x 8 = _____
10 x 7 = _____
6 x 9 = _____
1 x 7 = _____
7 x 7 = _____
5 x 9 = _____
11 x 7 = _____
10 x 9 = _____
8 x 7 = _____
12 x 8 = _____
4 x 7 = _____
2 x 9 = _____
3 x 8 = _____
4 x 7 = _____
12 x 9 = _____
7 x 8 = _____

Score = $\frac{}{25}$

Exercise 54

77 ÷ 7 = _____
21 ÷ 7 = _____
18 ÷ 9 = _____
42 ÷ 7 = _____
24 ÷ 8 = _____
56 ÷ 7 = _____
99 ÷ 9 = _____
63 ÷ 9 = _____
84 ÷ 7 = _____
27 ÷ 9 = _____
72 ÷ 8 = _____
96 ÷ 8 = _____
32 ÷ 8 = _____
81 ÷ 9 = _____
8 ÷ 8 = _____
14 ÷ 7 = _____
64 ÷ 8 = _____
70 ÷ 7 = _____
40 ÷ 8 = _____
49 ÷ 7 = _____
90 ÷ 9 = _____
63 ÷ 7 = _____
88 ÷ 8 = _____
7 ÷ 7 = _____
108 ÷ 9 = _____

Score = $\frac{}{25}$

7, 8 and 9 Times Tables – Word Problems

Exercise 55

1. Namit has 84 game cards. If he shares them equally between himself and six friends, how many cards will they each get? _____

2. A one litre bottle of lemonade can fill seven cups. How many bottles are needed to fill 56 cups? _____

3. The Achieve Primary School is putting on a school play. Four children will be chosen from each of eight classes. How many students will be in the play? _____

4. The Achieve Primary School had an awards assembly. From nine of the classes twenty seven awards were given. How many awards were given to each class? _____

5. Liam is very quick at doing times table questions. If he can complete 63 questions in nine minutes, how many questions can he complete in one minute? _____

6. Justin likes reading. For his birthday he was given a detective book. If he reads eight pages each day, how many pages will he read in seven days? _____

7. John loves going for bike rides. If he can ride nine miles in one hour, how many hours will it take John to ride 45 miles? _____

8. Two friends counted the loose change they had for a charity collection. Priya had eight pence. Harjot had six times as much as Priya. How much did Harjot have? _____

9. One box holds 6 packets. Each packet holds 2 drinks. How many drinks in 8 boxes? _____

10. Julia and Irina are baking muffins. If they bake six lots of 12 muffins, then share them among 9 people. How many muffins will each person get? _____

Score = $\frac{}{10}$

Progress so far

You're nearly there. Only four more times table facts to learn. ☺

One	Two	Three	Four
1 x 1 = 1	1 x 2 = 2	1 x 3 = 3	1 x 4 = 4
2 x 1 = 2	2 x 2 = 4	2 x 3 = 6	2 x 4 = 8
3 x 1 = 3	3 x 2 = 6	3 x 3 = 9	3 x 4 = 12
4 x 1 = 4	4 x 2 = 8	4 x 3 = 12	4 x 4 = 16
5 x 1 = 5	5 x 2 = 10	5 x 3 = 15	5 x 4 = 20
6 x 1 = 6	6 x 2 = 12	6 x 3 = 18	6 x 4 = 24
7 x 1 = 7	7 x 2 = 14	7 x 3 = 21	7 x 4 = 28
8 x 1 = 8	8 x 2 = 16	8 x 3 = 24	8 x 4 = 32
9 x 1 = 9	9 x 2 = 18	9 x 3 = 27	9 x 4 = 36
10 x 1 = 10	10 x 2 = 20	10 x 3 = 30	10 x 4 = 40
11 x 1 = 11	11 x 2 = 22	11 x 3 = 33	11 x 4 = 44
12 x 1 = 12	12 x 2 = 24	12 x 3 = 36	12 x 4 = 48

Five	Six	Seven	Eight
1 x 5 = 5	1 x 6 = 6	1 x 7 = 7	1 x 8 = 8
2 x 5 = 10	2 x 6 = 12	2 x 7 = 14	2 x 8 = 16
3 x 5 = 15	3 x 6 = 18	3 x 7 = 21	3 x 8 = 24
4 x 5 = 20	4 x 6 = 24	4 x 7 = 28	4 x 8 = 32
5 x 5 = 25	5 x 6 = 30	5 x 7 = 35	5 x 8 = 40
6 x 5 = 30	6 x 6 = 36	6 x 7 = 42	6 x 8 = 48
7 x 5 = 35	7 x 6 = 42	7 x 7 = 49	7 x 8 = 56
8 x 5 = 40	8 x 6 = 48	8 x 7 = 56	8 x 8 = 64
9 x 5 = 45	9 x 6 = 54	9 x 7 = 63	9 x 8 = 72
10 x 5 = 50	10 x 6 = 60	10 x 7 = 70	10 x 8 = 80
11 x 5 = 55	11 x 6 = 66	11 x 7 = 77	11 x 8 = 88
12 x 5 = 60	12 x 6 = 72	12 x 7 = 84	12 x 8 = 96

Nine	Ten	Eleven	Twelve
1 x 9 = 9	1 x 10 = 10	1 x 11 = 11	1 x 12 = 12
2 x 9 = 18	2 x 10 = 20	2 x 11 = 22	2 x 12 = 24
3 x 9 = 27	3 x 10 = 30	3 x 11 = 33	3 x 12 = 36
4 x 9 = 36	4 x 10 = 40	4 x 11 = 44	4 x 12 = 48
5 x 9 = 45	5 x 10 = 50	5 x 11 = 55	5 x 12 = 60
6 x 9 = 54	6 x 10 = 60	6 x 11 = 66	6 x 12 = 72
7 x 9 = 63	7 x 10 = 70	7 x 11 = 77	7 x 12 = 84
8 x 9 = 72	8 x 10 = 80	8 x 11 = 88	8 x 12 = 96
9 x 9 = 81	9 x 10 = 90	9 x 11 = 99	9 x 12 = 108
10 x 9 = 90	10 x 10 = 100	10 x 11 = 110	10 x 12 = 120
11 x 9 = 99	11 x 10 = 110	11 x 11 = 121	11 x 12 = 132
12 x 9 = 108	12 x 10 = 120	12 x 11 = 132	12 x 12 = 144

Turn over for the eleven and twelve times tables.

Eleven Times Tables – Write, Cover, Check

For the first nine of the eleven times table all you need to do is take the number you are multiplying and write it twice. For example 7 x 11 = ? the number I am multiplying by eleven is seven, so I write the digit seven twice, giving me the answer of 77. You already know that when you multiply a number by 10 you add a zero (10 x 11 = 110). So, this leaves two to learn (11 x 11 and 11 x 12).

1 x 11 = 11	_____	_____	11 ÷ 11= _____
2 x 11 = 22	_____	_____	22 ÷ 11= _____
3 x 11 = 33	_____	_____	33 ÷ 11= _____
4 x 11 = 44	_____	_____	44 ÷ 11= _____
5 x 11 = 55	_____	_____	55 ÷ 11= _____
6 x 11 = 66	_____	_____	66 ÷ 11= _____
7 x 11 = 77	_____	_____	77 ÷ 11= _____
8 x 11 = 88	_____	_____	88 ÷ 11= _____
9 x 11 = 99	_____	_____	99 ÷ 11= _____
10 x 11 = 110	_____	_____	110 ÷ 11= _____
11 x 11 = 121	_____	_____	121 ÷ 11= _____
12 x 11 = 132	_____	_____	132 ÷ 11= _____

$$\text{Score} = \frac{\quad}{12} \qquad \text{Score} = \frac{\quad}{12}$$

Eleven Times Tables – Practice

Exercise 56	Exercise 57	Exercise 58	Exercise 59
10 x 11 = _____	11 x 10 = _____	11 x 2 = _____	33 ÷ 11 = _____
11 x 2 = _____	4 x 11 = _____	11 x 5 = _____	121 ÷ 11 = _____
8 x 11 = _____	11 x 12 = _____	11 x1 = _____	132 ÷ 11 = _____
11 x 7 = _____	8 x 11 = _____	3 x 11 = _____	110 ÷ 11 = _____
11 x 11 = _____	11 x 9 = _____	11 x 12 = _____	11 ÷ 11 = _____
11 x 6 = _____	11 x1 = _____	11 x 4 = _____	11 ÷ 1 = _____
1 x 11 = _____	7 x 11 = _____	5 x 11 = _____	44 ÷ 11 = _____
3 x 11 = _____	11 x 3 = _____	11 x 6 = _____	55 ÷ 11 = _____
12 x 11 = _____	12 x 11 = _____	11 x 11 = _____	77 ÷ 11 = _____
6 x 11 = _____	11 x 6 = _____	11 x 10 = _____	11 ÷ 11 = _____
11 x 5 = _____	11 x 11 = _____	9 x 11 = _____	22 ÷ 11 = _____
11 x1 = _____	11 x 8 = _____	11 x 8 = _____	66 ÷ 11 = _____
2 x 11 = _____	11 x 7 = _____	11 x 7 = _____	55 ÷ 11 = _____
9 x 11 = _____	1 x 11 = _____	11 x 11 = _____	33 ÷ 11 = _____
11 x 8 = _____	11 x 2 = _____	11 x 8 = _____	22 ÷ 11 = _____
4 x 11 = _____	11 x 4 = _____	7 x 11 = _____	132 ÷ 11 = _____
11 x 11 = _____	6 x 11 = _____	1 x 11 = _____	110 ÷ 11 = _____
11 x 10 = _____	10 x 11 = _____	4 x 11 = _____	66 ÷ 11 = _____
7 x 11 = _____	2 x 11 = _____	0 x 11 = _____	88 ÷ 11 = _____
11 x 12 = _____	3 x 11 = _____	11 x 3 = _____	77 ÷ 11 = _____
0 x 11 = _____	9 x 11 = _____	12 x 11 = _____	44 ÷ 11 = _____
5 x 11 = _____	11 x 5 = _____	10 x 11 = _____	88 ÷ 11 = _____
11 x 4 = _____	5 x 11 = _____	6 x 11 = _____	99 ÷ 11 = _____
11 x 9 = _____	0 x 11 = _____	2 x 11 = _____	121 ÷ 11 = _____
11 x 3 = _____	11 x 11 = _____	11 x 9 = _____	99 ÷ 11 = _____
Score = $\frac{}{25}$	Score = $\frac{}{25}$	Score = $\frac{}{25}$	Score = $\frac{}{25}$

Twelve Times Tables – Write, Cover, Check

You have already learned all of this times table, except for 12 x 12 which is 144.

1 x 12 = 12	_____	_____	12 ÷ 12 = _____
2 x 12 = 24	_____	_____	24 ÷ 12 = _____
3 x 12 = 36	_____	_____	36 ÷ 12 = _____
4 x 12 = 48	_____	_____	48 ÷ 12 = _____
5 x 12 = 60	_____	_____	60 ÷ 12 = _____
6 x 12 = 72	_____	_____	72 ÷ 12 = _____
7 x 12 = 84	_____	_____	84 ÷ 12 = _____
8 x 12 = 96	_____	_____	96 ÷ 12 = _____
9 x 12 = 108	_____	_____	108 ÷ 12 = _____
10 x 12 = 120	_____	_____	120 ÷ 12 = _____
11 x 12 = 132	_____	_____	132 ÷ 12 = _____
12 x 12 = 144	_____	_____	144 ÷ 12 = _____

Score = $\frac{}{12}$ Score = $\frac{}{12}$

Twelve Times Tables – Practice

Exercise 60	Exercise 61	Exercise 62	Exercise 63
11 x 12 = _____	12 x 1 = _____	10 x 12 = _____	60 ÷ 12 = _____
9 x 12 = _____	12 x 3 = _____	4 x 12 = _____	84 ÷ 12 = _____
12 x 10 = _____	0 x 12 = _____	7 x 12 = _____	72 ÷ 12 = _____
2 x 12 = _____	5 x 12 = _____	6 x 12 = _____	36 ÷ 12 = _____
6 x 12 = _____	4 x 12 = _____	12 x 5 = _____	108 ÷ 12 = _____
12 x 3 = _____	3 x 12 = _____	12 x 1 = _____	84 ÷ 12 = _____
12 x 2 = _____	12 x 10 = _____	12 x 10 = _____	24 ÷ 12 = _____
10 x 12 = _____	2 x 12 = _____	2 x 12 = _____	48 ÷ 12 = _____
12 x 4 = _____	12 x 12 = _____	0 x 12 = _____	120 ÷ 12 = _____
12 x 8 = _____	6 x 12 = _____	12 x 4 = _____	96 ÷ 12 = _____
12 x 12 = _____	1 x 12 = _____	12 x 11 = _____	60 ÷ 12 = _____
12 x 1 = _____	7 x 12 = _____	8 x 12 = _____	12 ÷ 1 = _____
12 x 7 = _____	9 x 12 = _____	3 x 12 = _____	108 ÷ 12 = _____
3 x 12 = _____	8 x 12 = _____	12 x 7 = _____	12 ÷ 12 = _____
12 x 9 = _____	12 x 12 = _____	12 x 4 = _____	96 ÷ 12 = _____
12 x 12 = _____	12 x 8 = _____	11 x 12 = _____	132 ÷ 12 = _____
1 x 12 = _____	12 x 9 = _____	9 x 12 = _____	36 ÷ 12 = _____
7 x 12 = _____	10 x 12 = _____	1 x 12 = _____	144 ÷ 12 = _____
12 x 5 = _____	12 x 7 = _____	5 x 12 = _____	132 ÷ 12 = _____
0 x 12 = _____	12 x 2 = _____	12 x 6 = _____	12 ÷ 12 = _____
12 x 11 = _____	12 x 11 = _____	12 x 2 = _____	48 ÷ 12 = _____
5 x 12 = _____	12 x 1 = _____	12 x 8 = _____	24 ÷ 12 = _____
8 x 12 = _____	12 x 3 = _____	4 x 12 = _____	72 ÷ 12 = _____
12 x 6 = _____	0 x 12 = _____	7 x 12 = _____	144 ÷ 12 = _____
4 x 12 = _____	5 x 12 = _____	6 x 12 = _____	120 ÷ 12 = _____
Score = $\frac{}{25}$	Score = $\frac{}{25}$	Score = $\frac{}{25}$	Score = $\frac{}{25}$

11 and 12 Times Tables – Practice

Exercise 64

9 x 12 = _____

2 x 11 = _____

6 x 11 = _____

8 x 12 = _____

5 x 11 = _____

3 x 11 = _____

1 x 12 = _____

12 x 11 = _____

7 x 11 = _____

7 x 12 = _____

4 x 11 = _____

5 x 12 = _____

10 x 12 = _____

10 x 11 = _____

11 x 11 = _____

0 x 12 = _____

2 x 12 = _____

3 x 12 = _____

11 x 12 = _____

9 x 11 = _____

6 x 12 = _____

8 x 11 = _____

1 x 11 = _____

12 x 12 = _____

4 x 12 = _____

Score = _ / 25

Exercise 65

11 x 12 = _____

3 x 11 = _____

7 x 11 = _____

12 x 11 = _____

6 x 12 = _____

8 x 12 = _____

6 x 11 = _____

9 x 11 = _____

2 x 12 = _____

5 x 12 = _____

1 x 12 = _____

7 x 12 = _____

2 x 11 = _____

5 x 11 = _____

10 x 11 = _____

11 x 11 = _____

8 x 11 = _____

12 x 12 = _____

9 x 12 = _____

1 x 11 = _____

3 x 12 = _____

4 x 11 = _____

0 x 12 = _____

4 x 12 = _____

10 x 12 = _____

Score = _ / 25

Exercise 66

6 x 11 = _____

11 x 12 = _____

10 x 11 = _____

5 x 11 = _____

2 x 12 = _____

3 x 12 = _____

2 x 11 = _____

3 x 11 = _____

9 x 12 = _____

7 x 11 = _____

5 x 12 = _____

1 x 12 = _____

11 x 11 = _____

6 x 12 = _____

8 x 12 = _____

9 x 11 = _____

7 x 12 = _____

10 x 12 = _____

4 x 11 = _____

1 x 11 = _____

0 x 12 = _____

8 x 11 = _____

12 x 11 = _____

4 x 12 = _____

12 x 12 = _____

Score = _ / 25

Exercise 67

33 ÷ 11 = _____

24 ÷ 12 = _____

120 ÷ 12 = _____

132 ÷ 11 = _____

121 ÷ 11 = _____

88 ÷ 11 = _____

99 ÷ 11 = _____

48 ÷ 12 = _____

11 ÷ 11 = _____

22 ÷ 11 = _____

132 ÷ 12 = _____

144 ÷ 12 = _____

36 ÷ 12 = _____

108 ÷ 12 = _____

72 ÷ 12 = _____

84 ÷ 12 = _____

110 ÷ 11 = _____

12 ÷ 1 = _____

12 ÷ 12 = _____

44 ÷ 11 = _____

60 ÷ 12 = _____

96 ÷ 12 = _____

77 ÷ 11 = _____

55 ÷ 11 = _____

66 ÷ 11 = _____

Score = _ / 25

11 and 12 Times Tables – Word Problems

Exercise 68

1. A chef needs 84 eggs. How many dozen eggs does he need to buy? (a dozen = 12) _____

2. If Giacomo can pick ten apples in a minute. How many apples can he pick in twelve minutes? _____

3. The Achieve Primary School is having a school fair. One stall is selling cupcakes for 12p each. How much would it cost for four cupcakes? _____

4. The Achieve Primary School has three football teams. Each football team has eleven players. When all the football teams go to an interschool tournament, how many students are missing from classes because they are playing football? _____

5. Lucy finds the eleven times table easy and can answer 121 questions in 11 minutes. How many questions can she answer in one minute? _____

6. Zecharia has 96 chocolates to put in party bags for his friends. If he needs to make up 12 party bags, what is the largest number of chocolates that he can put in each bag?_____

7. There are 36 students in Zoe's class. Party cakes come in packets of 12. How many packets does Zoe need if she gives 1 party cake to each student? _____

8. Three friends counted the number of cars that go past their scout hut in an hour. They did this 12 times and get a total of 108. How many cars passed each time? _____

9. A box of strawberries holds 12 punnets. Each punnet contains six strawberries. How many strawberries in a box? _____

10. An airplane has 12 rows of seats. Each row has 4 seats in the middle section and 2 on each side (by the window). How many seats are there? _____

Score = $\frac{}{10}$

Congratulations

You have now learned all your times tables.

One	Two	Three	Four
1 x 1 = 1	1 x 2 = 2	1 x 3 = 3	1 x 4 = 4
2 x 1 = 2	2 x 2 = 4	2 x 3 = 6	2 x 4 = 8
3 x 1 = 3	3 x 2 = 6	3 x 3 = 9	3 x 4 = 12
4 x 1 = 4	4 x 2 = 8	4 x 3 = 12	4 x 4 = 16
5 x 1 = 5	5 x 2 = 10	5 x 3 = 15	5 x 4 = 20
6 x 1 = 6	6 x 2 = 12	6 x 3 = 18	6 x 4 = 24
7 x 1 = 7	7 x 2 = 14	7 x 3 = 21	7 x 4 = 28
8 x 1 = 8	8 x 2 = 16	8 x 3 = 24	8 x 4 = 32
9 x 1 = 9	9 x 2 = 18	9 x 3 = 27	9 x 4 = 36
10 x 1 = 10	10 x 2 = 20	10 x 3 = 30	10 x 4 = 40
11 x 1 = 11	11 x 2 = 22	11 x 3 = 33	11 x 4 = 44
12 x 1 = 12	12 x 2 = 24	12 x 3 = 36	12 x 4 = 48

Five	Six	Seven	Eight
1 x 5 = 5	1 x 6 = 6	1 x 7 = 7	1 x 8 = 8
2 x 5 = 10	2 x 6 = 12	2 x 7 = 14	2 x 8 = 16
3 x 5 = 15	3 x 6 = 18	3 x 7 = 21	3 x 8 = 24
4 x 5 = 20	4 x 6 = 24	4 x 7 = 28	4 x 8 = 32
5 x 5 = 25	5 x 6 = 30	5 x 7 = 35	5 x 8 = 40
6 x 5 = 30	6 x 6 = 36	6 x 7 = 42	6 x 8 = 48
7 x 5 = 35	7 x 6 = 42	7 x 7 = 49	7 x 8 = 56
8 x 5 = 40	8 x 6 = 48	8 x 7 = 56	8 x 8 = 64
9 x 5 = 45	9 x 6 = 54	9 x 7 = 63	9 x 8 = 72
10 x 5 = 50	10 x 6 = 60	10 x 7 = 70	10 x 8 = 80
11 x 5 = 55	11 x 6 = 66	11 x 7 = 77	11 x 8 = 88
12 x 5 = 60	12 x 6 = 72	12 x 7 = 84	12 x 8 = 96

Nine	Ten	Eleven	Twelve
1 x 9 = 9	1 x 10 = 10	1 x 11 = 11	1 x 12 = 12
2 x 9 = 18	2 x 10 = 20	2 x 11 = 22	2 x 12 = 24
3 x 9 = 27	3 x 10 = 30	3 x 11 = 33	3 x 12 = 36
4 x 9 = 36	4 x 10 = 40	4 x 11 = 44	4 x 12 = 48
5 x 9 = 45	5 x 10 = 50	5 x 11 = 55	5 x 12 = 60
6 x 9 = 54	6 x 10 = 60	6 x 11 = 66	6 x 12 = 72
7 x 9 = 63	7 x 10 = 70	7 x 11 = 77	7 x 12 = 84
8 x 9 = 72	8 x 10 = 80	8 x 11 = 88	8 x 12 = 96
9 x 9 = 81	9 x 10 = 90	9 x 11 = 99	9 x 12 = 108
10 x 9 = 90	10 x 10 = 100	10 x 11 = 110	10 x 12 = 120
11 x 9 = 99	11 x 10 = 110	11 x 11 = 121	11 x 12 = 132
12 x 9 = 108	12 x 10 = 120	12 x 11 = 132	12 x 12 = 144

Turn over for some mixed practice.

Mixed Times Tables – Practice

Exercise 69	Exercise 70	Exercise 71	Exercise 72
6 x 5 = _____	10 x 8 = _____	6 x 8 = _____	6 x 7 = _____
8 x 2 = _____	5 x 10 = _____	5 x 2 = _____	1 x 12 = _____
10 x 2 = _____	5 x 8 = _____	3 x 6 = _____	11 x 8 = _____
12 x 7 = _____	9 x 6 = _____	12 x 12 = _____	11 x 11 = _____
1 x 5 = _____	9 x 3 = _____	6 x 3 = _____	7 x 7 = _____
2 x 7 = _____	4 x 2 = _____	5 x 6 = _____	5 x 3 = _____
11 x 9 = _____	7 x 8 = _____	3 x 3 = _____	2 x 8 = _____
9 x 8 = _____	10 x 3 = _____	2 x 12 = _____	8 x 3 = _____
12 x 5 = _____	8 x 11 = _____	10 x 4 = _____	11 x 12 = _____
9 x 9 = _____	12 x 6 = _____	7 x 5 = _____	2 x 11 = _____
6 x 12 = _____	9 x 7 = _____	5 x 7 = _____	2 x 3 = _____
12 x 8 = _____	1 x 3 = _____	3 x 10 = _____	3 x 7 = _____
8 x 6 = _____	12 x 11 = _____	6 x 6 = _____	2 x 2 = _____
4 x 12 = _____	5 x 4 = _____	9 x 10 = _____	2 x 5 = _____
11 x 6 = _____	3 x 9 = _____	3 x 8 = _____	8 x 12 = _____
4 x 4 = _____	8 x 5 = _____	1 x 2 = _____	7 x 12 = _____
1 x 7 = _____	4 x 5 = _____	3 x 5 = _____	10 x 11 = _____
2 x 4 = _____	5 x 12 = _____	11 x 5 = _____	12 x 4 = _____
10 x 10 = _____	12 x 2 = _____	7 x 4 = _____	5 x 9 = _____
11 x 10 = _____	4 x 9 = _____	7 x 10 = _____	10 x 9 = _____
9 x 4 = _____	4 x 11 = _____	1 x 6 = _____	4 x 7 = _____
7 x 9 = _____	3 x 4 = _____	10 x 12 = _____	7 x 11 = _____
8 x 8 = _____	1 x 10 = _____	1 x 8 = _____	10 x 6 = _____
7 x 6 = _____	1 x 11 = _____	7 x 3 = _____	4 x 3 = _____
12 x 3 = _____	4 x 8 = _____	8 x 7 = _____	7 x 2 = _____

Score = $\frac{}{25}$ Score = $\frac{}{25}$ Score = $\frac{}{25}$ Score = $\frac{}{25}$

Mixed Times Tables – Division

Exercise 73

$12 \div 4 =$ _____
$6 \div 2 =$ _____
$36 \div 4 =$ _____
$54 \div 9 =$ _____
$121 \div 11 =$ _____
$24 \div 12 =$ _____
$8 \div 4 =$ _____
$20 \div 10 =$ _____
$81 \div 9 =$ _____
$21 \div 3 =$ _____
$48 \div 6 =$ _____
$72 \div 12 =$ _____
$50 \div 5 =$ _____
$25 \div 5 =$ _____
$132 \div 12 =$ _____
$96 \div 12 =$ _____
$11 \div 11 =$ _____
$2 \div 2 =$ _____
$120 \div 10 =$ _____
$44 \div 11 =$ _____
$40 \div 8 =$ _____
$4 \div 4 =$ _____
$18 \div 6 =$ _____
$40 \div 4 =$ _____
$24 \div 4 =$ _____

Score $= \dfrac{}{25}$

Exercise 74

$144 \div 12 =$ _____
$22 \div 2 =$ _____
$63 \div 9 =$ _____
$32 \div 8 =$ _____
$10 \div 10 =$ _____
$80 \div 10 =$ _____
$30 \div 3 =$ _____
$110 \div 11 =$ _____
$99 \div 9 =$ _____
$90 \div 9 =$ _____
$70 \div 10 =$ _____
$35 \div 5 =$ _____
$60 \div 6 =$ _____
$24 \div 8 =$ _____
$3 \div 3 =$ _____
$96 \div 8 =$ _____
$88 \div 11 =$ _____
$16 \div 4 =$ _____
$40 \div 5 =$ _____
$88 \div 8 =$ _____
$99 \div 11 =$ _____
$48 \div 12 =$ _____
$36 \div 6 =$ _____
$84 \div 12 =$ _____
$90 \div 10 =$ _____

Score $= \dfrac{}{25}$

Exercise 75

$45 \div 9 =$ _____
$32 \div 4 =$ _____
$54 \div 6 =$ _____
$42 \div 7 =$ _____
$48 \div 4 =$ _____
$50 \div 10 =$ _____
$15 \div 5 =$ _____
$16 \div 2 =$ _____
$72 \div 6 =$ _____
$18 \div 9 =$ _____
$6 \div 6 =$ _____
$66 \div 6 =$ _____
$36 \div 9 =$ _____
$10 \div 2 =$ _____
$22 \div 11 =$ _____
$56 \div 7 =$ _____
$28 \div 7 =$ _____
$70 \div 7 =$ _____
$108 \div 9 =$ _____
$30 \div 6 =$ _____
$36 \div 3 =$ _____
$60 \div 5 =$ _____
$14 \div 7 =$ _____
$80 \div 8 =$ _____
$18 \div 3 =$ _____

Score $= \dfrac{}{25}$

Exercise 76

$48 \div 8 =$ _____
$21 \div 7 =$ _____
$9 \div 3 =$ _____
$72 \div 9 =$ _____
$60 \div 10 =$ _____
$42 \div 6 =$ _____
$20 \div 2 =$ _____
$40 \div 10 =$ _____
$8 \div 8 =$ _____
$7 \div 7 =$ _____
$16 \div 8 =$ _____
$36 \div 12 =$ _____
$12 \div 3 =$ _____
$84 \div 7 =$ _____
$28 \div 4 =$ _____
$110 \div 10 =$ _____
$55 \div 5 =$ _____
$10 \div 5 =$ _____
$49 \div 7 =$ _____
$27 \div 9 =$ _____
$8 \div 2 =$ _____
$24 \div 6 =$ _____
$44 \div 4 =$ _____
$14 \div 2 =$ _____
$72 \div 8 =$ _____

Score $= \dfrac{}{25}$

Mixed Times Tables – Word Problems

Exercise 77

1. Four friends enjoy playing video games. One of the friends has a party and they all bring along some games. If there are 12 games in total, how many games did each friend bring? _____

2. In 40 minutes three friends manage to make 27 cards. How many cards did they make each? _____

3 Ernie gets £10 per month pocket money. How much does he earn in a year (12 months)? _____

4. Marina and Michael enjoy reading. They both read two books each week. How many books do they read between them, in six weeks? _____

5. Patricia can read 84 pages in 1 week. If she reads the same amount of pages every day, how many pages does she read each day? _____

6. Lauren and Siobhan each build a chest of four drawers. Each drawer requires 12 screws. How many screws do they need altogether? _____

7. A bag of popcorn contains 56 kernels of popcorn. If it is shared fairly among eight people, how many kernels of popcorn will each person get? _____

8. A rhombus has four equal sides. How many sides in total, would 6 rhombuses have?_____

9. It takes four people twelve minutes to make a model airplane. How long would it take six people? _____

10. Alex enjoys playing basketball. If he can shoot 48 goals in 12 minutes, how many goals can he shoot in three minutes? _____

Score = $\frac{}{10}$

Mixed Times Tables – Practice

Exercise 78	Exercise 79	Exercise 80	Exercise 81
10 x 8 = _____	2 x 4 = _____	3 x 7 = _____	1 x 8 = _____
9 x 4 = _____	9 x 11 = _____	8 x 4 = _____	9 x 10 = _____
7 x 3 = _____	6 x 11 = _____	7 x 2 = _____	3 x 12 = _____
2 x 3 = _____	7 x 12 = _____	4 x 5 = _____	8 x 12 = _____
6 x 6 = _____	11 x 10 = _____	3 x 10 = _____	4 x 7 = _____
4 x 11 = _____	5 x 11 = _____	2 x 12 = _____	7 x 9 = _____
12 x 2 = _____	8 x 2 = _____	2 x 6 = _____	1 x 11 = _____
11 x 8 = _____	4 x 10 = _____	2 x 11 = _____	9 x 8 = _____
6 x 5 = _____	1 x 4 = _____	12 x 5 = _____	10 x 11 = _____
4 x 6 = _____	9 x 2 = _____	8 x 9 = _____	11 x 2 = _____
4 x 8 = _____	10 x 6 = _____	8 x 5 = _____	6 x 4 = _____
5 x 6 = _____	7 x 6 = _____	7 x 7 = _____	10 x 4 = _____
5 x 10 = _____	4 x 2 = _____	11 x 6 = _____	7 x 4 = _____
11 x 9 = _____	7 x 5 = _____	10 x 3 = _____	1 x 5 = _____
5 x 8 = _____	5 x 3 = _____	12 x 7 = _____	8 x 8 = _____
4 x 12 = _____	9 x 9 = _____	7 x 8 = _____	3 x 9 = _____
3 x 5 = _____	6 x 10 = _____	10 x 10 = _____	9 x 12 = _____
2 x 10 = _____	10 x 12 = _____	5 x 5 = _____	1 x 12 = _____
11 x 4 = _____	3 x 2 = _____	1 x 9 = _____	12 x 4 = _____
9 x 3 = _____	10 x 7 = _____	9 x 6 = _____	8 x 11 = _____
3 x 4 = _____	12 x 10 = _____	5 x 4 = _____	6 x 8 = _____
12 x 12 = _____	5 x 9 = _____	6 x 12 = _____	5 x 7 = _____
8 x 7 = _____	11 x 11 = _____	11 x 7 = _____	10 x 2 = _____
12 x 6 = _____	12 x 8 = _____	1 x 6 = _____	3 x 11 = _____
9 x 7 = _____	11 x 12 = _____	8 x 3 = _____	6 x 3 = _____
Score = ___ / 25	Score = ___ / 25	Score = ___ / 25	Score = ___ / 25

Mixed Times Tables – Division

Exercise 82

$32 \div 4 =$ _____
$8 \div 8 =$ _____
$30 \div 6 =$ _____
$77 \div 7 =$ _____
$4 \div 2 =$ _____
$88 \div 11 =$ _____
$60 \div 6 =$ _____
$56 \div 7 =$ _____
$56 \div 8 =$ _____
$42 \div 6 =$ _____
$10 \div 10 =$ _____
$33 \div 3 =$ _____
$44 \div 11 =$ _____
$25 \div 5 =$ _____
$121 \div 11 =$ _____
$12 \div 4 =$ _____
$10 \div 2 =$ _____
$40 \div 10 =$ _____
$6 \div 2 =$ _____
$108 \div 12 =$ _____
$22 \div 2 =$ _____
$24 \div 12 =$ _____
$84 \div 7 =$ _____
$66 \div 6 =$ _____
$42 \div 7 =$ _____

Score $= \dfrac{}{25}$

Exercise 83

$21 \div 7 =$ _____
$96 \div 12 =$ _____
$40 \div 5 =$ _____
$144 \div 12 =$ _____
$110 \div 11 =$ _____
$7 \div 7 =$ _____
$21 \div 3 =$ _____
$48 \div 12 =$ _____
$40 \div 4 =$ _____
$27 \div 3 =$ _____
$54 \div 9 =$ _____
$44 \div 4 =$ _____
$72 \div 12 =$ _____
$72 \div 6 =$ _____
$60 \div 5 =$ _____
$100 \div 10 =$ _____
$45 \div 9 =$ _____
$20 \div 4 =$ _____
$64 \div 8 =$ _____
$18 \div 2 =$ _____
$66 \div 11 =$ _____
$30 \div 3 =$ _____
$18 \div 9 =$ _____
$11 \div 11 =$ _____
$20 \div 5 =$ _____

Score $= \dfrac{}{25}$

Exercise 84

$55 \div 5 =$ _____
$16 \div 2 =$ _____
$36 \div 3 =$ _____
$35 \div 5 =$ _____
$15 \div 3 =$ _____
$18 \div 3 =$ _____
$15 \div 5 =$ _____
$24 \div 2 =$ _____
$55 \div 11 =$ _____
$30 \div 10 =$ _____
$88 \div 8 =$ _____
$12 \div 12 =$ _____
$84 \div 12 =$ _____
$48 \div 4 =$ _____
$33 \div 11 =$ _____
$70 \div 10 =$ _____
$3 \div 3 =$ _____
$20 \div 2 =$ _____
$28 \div 4 =$ _____
$36 \div 12 =$ _____
$6 \div 3 =$ _____
$49 \div 7 =$ _____
$40 \div 8 =$ _____
$120 \div 10 =$ _____
$30 \div 5 =$ _____

Score $= \dfrac{}{25}$

Exercise 85

$36 \div 6 =$ _____
$9 \div 9 =$ _____
$63 \div 7 =$ _____
$72 \div 8 =$ _____
$6 \div 6 =$ _____
$28 \div 7 =$ _____
$14 \div 7 =$ _____
$132 \div 11 =$ _____
$81 \div 9 =$ _____
$2 \div 2 =$ _____
$8 \div 4 =$ _____
$77 \div 11 =$ _____
$63 \div 9 =$ _____
$12 \div 2 =$ _____
$96 \div 8 =$ _____
$48 \div 6 =$ _____
$90 \div 10 =$ _____
$80 \div 10 =$ _____
$12 \div 6 =$ _____
$5 \div 5 =$ _____
$60 \div 12 =$ _____
$27 \div 9 =$ _____
$14 \div 2 =$ _____
$24 \div 8 =$ _____
$90 \div 9 =$ _____

Score $= \dfrac{}{25}$

Mixed Times Tables – Word Problems

Exercise 86

1. Chocolate buttons cost 5p each. How much will 10 cost?   _____

2. Together three friends have 24 toy cars. How many toy cars does each child have?   _____

3. The Achieve Primary School have organised a trip for their gifted and talented students. Four children will be chosen from each of twelve classes. How many students will be invited to go?   _____

4. Apples come in bags of eight. It costs 96p for one bag. How much would two apples cost?   _____

5. Ellen makes jewellery. She can make a necklace in ten minutes. She needs to make four necklaces. How long will it take?   _____

6. Brett enjoys fishing. He managed to catch six fish an hour. If he spent eight hours fishing, how many fish did he catch?   _____

7. A car travels at 60 miles per hour. How far does the car travel in ten minutes? (There are sixty minutes in one hour.)   _____

8. Charlotte rides her bike to school. Her school is 7 miles from her house. How far does she ride to and from school in five days?   _____

9. When a group of friends combine their colouring pencils, they have six sets of 12 pencils. How many pencils do they have altogether?   _____

10. Bunmi has a party. She wants enough drinks to fill eight cups three times. If a one litre bottle will fill six cups, how many bottles does she need to buy?   _____

Score $= \dfrac{}{10}$

Congratulations!

Times
Table
Master

For further practice go to www.timestables.info or buy our Times Table Practice book.

Answers

Exercise 1	Exercise 3	Exercise 5	Exercise 7	Exercise 9	Exercise 11
12	14	25	25	120	20
18	6	40	5	70	10
14	16	5	30	80	70
4	4	15	40	50	80
8	16	30	45	20	70
18	10	10	30	100	120
6	20	30	55	60	100
0	22	60	20	30	60
4	18	5	55	70	90
22	12	15	10	40	110
6	10	25	60	90	50
16	8	50	35	10	50
2	4	20	20	50	60
12	14	40	50	120	110
20	20	55	40	100	100
2	24	20	35	40	20
14	18	35	15	110	40
22	8	10	50	60	30
10	6	55	60	0	90
20	22	50	10	90	120
24	24	0	5	10	40
16	2	45	25	20	80
10	12	35	0	80	30
24	2	45	15	110	10
8	0	60	45	30	0

Exercise 2	Exercise 4	Exercise 6	Exercise 8	Exercise 10	Exercise 12
16	10	15	5	10	8
14	7	55	7	30	5
6	2	25	12	50	12
24	9	15	11	120	10
18	6	20	10	30	12
14	1	30	6	90	1
6	4	35	2	40	9
8	11	0	8	50	2
18	5	25	9	110	10
10	10	30	6	60	3
12	4	35	7	20	6
22	3	20	5	70	5
20	2	5	8	40	4
24	8	60	10	70	8
2	11	10	2	100	4
0	12	5	1	0	6
8	8	45	3	10	7
4	2	45	9	100	2
10	6	40	4	20	9
16	5	60	11	80	3
4	1	50	1	120	8
22	7	40	12	80	5
2	9	55	3	60	12
12	12	10	4	90	10
20	3	50	5	110	12

E

Exercise 13	Exercise 15	Exercise 17	Exercise 19	Exercise 21	Exercise 23
20	2	7	2	20	21
35	30	4	5	24	3
16	12	5	11	35	6
22	15	9	12	9	9
50	10	6	5	16	15
10	22	3	6	15	33
80	110	12	7	5	18
20	20	2	9	90p	12
50	60	8	8	55p	36
18	10	7	5	5p	30
40	25	8	4		12
4	10	5	12		24
40	24	12	8		30
120	55	10	10		24
55	60	11	7		36
14	90	10	3		33
100	4	4	2		27
6	5	11	1		3
60	8	2	3		9
70	16	1	12		6
45	35	8	9		18
30	6	6	9		21
25	50	3	10		0
24	14	4	11		15
10	18	7	1		27

Exercise 14	Exercise 16	Exercise 18	Exercise 20	Exercise 22	Exercise 24
110	10	6	7	0	30
2	14	9	11	18	33
8	30	3	6	9	9
15	40	8	8	6	15
12	100	10	10	30	36
10	10	10	6	9	30
20	24	1	4	27	27
90	70	1	4	3	3
30	12	9	3	33	33
60	30	6	2	36	24
5	20	4	1	3	24
120	20	3	11	15	27
30	60	3	10	18	15
18	8	8	2	33	0
50	10	7	12	12	6
40	2	1	4	21	36
20	50	11	9	15	21
70	120	2	3	6	9
20	25	7	6	24	12
45	6	12	7	27	21
50	40	2	3	36	3
14	20	4	1	21	6
40	50	10	9	12	18
80	5	11	8	30	12
100	15	12	5	24	18

Exercise 25	Exercise 27	Exercise 29	Exercise 31	Exercise 33	Exercise 35
6	20	1	36	8	15
3	36	9	48	11	72
7	8	6	6	7	24
11	48	4	42	1	36
12	12	11	6	10	36
2	44	4	0	6	48
4	8	12	66	5	16
8	40	7	72	9	4
7	16	5	42	6	66
5	4	2	66	3	6
11	32	8	60	11	40
1	28	2	24	4	8
12	24	8	12	2	44
6	32	7	36	5	12
1	12	3	30	9	33
10	20	10	54	12	4
8	44	12	60	1	32
9	4	1	54	7	24
4	28	3	24	2	30
2	40	11	30	12	36
3	0	4	72	10	3
9	48	6	18	3	24
3	24	5	48	4	28
10	16	9	12	8	12
5	36	10	18	6	18

Exercise 26	Exercise 28	Exercise 30	Exercise 32	Exercise 34	Exercise 36
36	40	48	48	24	60
8	24	6	18	8	18
4	36	66	54	6	36
36	16	30	60	9	15
24	36	60	72	24	21
12	24	24	60	54	16
44	12	66	42	27	36
24	0	36	66	18	12
28	20	12	24	44	9
28	32	54	36	28	30
4	28	6	18	33	42
32	8	48	6	36	6
8	28	60	6	30	48
20	20	30	30	12	24
40	12	72	72	42	20
32	40	18	12	30	48
44	8	24	12	21	40
16	44	18	0	3	6
48	4	42	42	12	66
40	44	54	30	18	54
16	16	36	66	48	27
20	48	42	36	60	72
12	48	72	24	12	42
0	4	0	54	32	44
48	32	12	48	20	48

Exercise 37	Exercise 39	Exercise 41	Exercise 43	Exercise 45	Exercise 47
3	42	70	96	24	54
11	35	49	32	16	81
9	70	35	72	40	108
5	49	21	48	80	81
2	28	42	64	88	63
10	63	35	80	32	0
4	0	7	48	64	90
1	77	14	16	16	99
9	7	0	0	48	9
2	35	63	64	72	45
3	42	14	96	80	18
11	14	84	56	96	108
10	56	28	56	8	99
8	84	70	88	56	63
8	28	28	72	96	54
6	70	49	24	8	9
5	21	56	40	64	27
1	7	42	8	32	72
12	77	21	24	88	36
10	56	84	32	56	45
7	63	7	80	48	36
9	84	77	16	24	90
4	14	63	88	0	72
8	21	56	8	40	27
3	49	77	40	72	18

Exercise 38	Exercise 40	Exercise 42	Exercise 44	Exercise 46	Exercise 48
£24	14	4	32	8	63
8	63	8	88	10	99
18	21	3	56	4	90
9	7	10	48	12	108
12	35	8	16	6	54
32	35	5	56	5	81
5	56	1	40	2	63
42	28	11	8	3	45
72	70	3	32	7	72
8	21	10	96	10	54
	77	7	64	5	72
	42	9	8	12	45
	84	11	0	8	27
	28	6	48	11	9
	7	2	72	4	18
	70	7	64	11	81
	84	12	96	2	27
	49	5	80	9	0
	56	1	88	6	90
	77	12	80	1	99
	49	6	40	8	18
	63	4	24	7	36
	14	7	72	3	108
	0	2	24	1	36
	42	9	16	9	9

Exercise 49	Exercise 51	Exercise 53	Exercise 55	Exercise 57	Exercise 59
90	40	80	12	110	3
108	35	88	8	44	11
81	27	72	32	132	12
54	14	27	3	88	10
108	42	21	7	99	1
18	56	56	56	11	11
36	63	99	5	77	4
54	64	48	48p	33	5
36	56	108	96	132	7
72	80	72	8	66	1
27	96	70		121	2
18	16	54		88	6
99	54	7		77	5
9	49	49		11	3
63	36	45		22	2
27	18	77		44	12
81	108	90		66	10
63	88	56		110	6
9	8	96		22	8
72	72	28		33	7
0	70	18		99	4
45	24	24		55	8
99	9	28		55	9
45	63	108		0	11
90	77	56		121	9

Exercise 50	Exercise 52	Exercise 54	Exercise 56	Exercise 58	Exercise 60
6	28	11	110	22	132
7	7	3	22	55	108
4	90	2	88	11	120
2	32	6	77	33	24
5	72	3	121	132	72
9	81	8	66	44	36
5	48	11	11	55	24
10	84	7	33	66	120
8	45	12	132	121	48
4	99	3	66	110	96
12	21	9	55	99	144
8	84	12	11	88	12
9	36	4	22	77	84
6	42	9	99	121	36
7	40	1	88	88	108
11	32	2	44	77	144
1	16	8	121	11	12
3	63	10	110	44	84
1	81	5	77	0	60
9	8	7	132	33	0
11	64	10	0	132	132
2	63	9	55	110	60
3	35	11	44	66	96
12	9	1	99	22	72
10	14	12	33	99	48

Exercise 61	Exercise 63	Exercise 65	Exercise 67	Exercise 69	Exercise 71
7	5	132	3	30	48
4	7	33	2	16	10
5	6	77	10	20	18
9	3	132	12	84	144
6	9	72	11	5	18
3	7	96	8	14	30
12	2	66	9	99	9
2	4	99	4	72	24
8	10	24	1	60	40
7	8	60	2	81	35
8	5	12	11	72	35
5	12	84	12	96	30
12	9	22	3	48	36
10	1	55	9	48	90
11	8	110	6	66	24
10	11	121	7	16	2
4	3	88	10	7	15
11	12	144	12	8	55
2	11	108	1	100	28
1	1	11	4	110	70
8	4	36	5	36	6
6	2	44	8	63	120
3	6	0	7	64	8
4	12	48	5	42	21
7	10	120	6	36	56

Exercise 62	Exercise 64	Exercise 66	Exercise 68	Exercise 70	Exercise 72
120	108	66	7	80	42
48	22	132	120	50	12
84	66	110	48p	40	88
72	96	55	33	54	121
60	55	24	11	27	49
12	33	36	8	8	15
120	12	22	3	56	16
24	132	33	9	30	24
0	77	108	72	88	132
48	84	77	96	72	22
132	44	60		63	6
96	60	12		3	21
36	120	121		132	4
84	110	72		20	10
48	121	96		27	96
132	0	99		40	84
108	24	84		20	110
12	36	120		60	48
60	132	44		24	45
72	99	11		36	90
24	72	0		44	28
96	88	88		12	77
48	11	132		10	60
84	144	48		11	12
72	48	144		32	14

Exercise 73	Exercise 75	Exercise 77	Exercise 79	Exercise 81	Exercise 83
3	5	3	8	8	3
3	8	9	99	90	8
9	9	£120	66	36	8
6	6	24	84	96	12
11	12	12	110	28	10
2	5	96	55	63	1
2	3	7	16	11	7
2	8	24	40	72	4
9	12	8 min	4	110	10
7	2	12	18	22	9
8	1		60	24	6
6	11		42	40	11
10	4		8	28	6
5	5		35	5	12
11	2		15	64	12
8	8		81	27	10
1	4		60	108	5
1	10		120	12	5
12	12		6	48	8
4	5		70	88	9
5	12		120	48	6
1	12		45	35	10
3	2		121	20	2
10	10		96	33	1
6	6		132	18	4

Exercise 74	Exercise 76	Exercise 78	Exercise 80	Exercise 82	Exercise 84
12	6	80	21	8	11
11	3	36	32	1	8
7	3	21	14	5	12
4	8	6	20	11	7
1	6	36	30	2	5
8	7	44	24	8	6
10	10	24	12	10	3
10	4	88	22	8	12
11	1	30	60	7	5
10	1	24	72	7	3
7	2	32	40	1	11
7	3	30	49	11	1
10	4	50	66	4	7
3	12	99	30	5	12
1	7	40	84	11	3
12	11	48	56	3	7
8	11	15	100	5	1
4	2	20	25	4	10
8	7	44	9	3	7
11	3	27	54	9	3
9	4	12	20	11	2
4	4	144	72	2	7
6	11	56	77	12	5
7	7	72	6	11	12
9	9	63	24	6	6

Exercise 85	Exercise 86
6	50p
1	8
9	48
9	24p
1	40 min
4	48
2	10 miles
12	70 miles
9	72
1	4
2	
7	
7	
6	
12	
8	
9	
8	
2	
1	
5	
3	
7	
3	
10